創見文化，智慧的銳眼
www.book4u.com.tw　　www.silkbook.com

林哲安 —— 著

A咖業務員都在練的

久贏真經

Nine capabilities
salesmen should possess.

業務
九把刀

從平凡走向優秀，從優秀邁向卓越

　　業務是唯一能打破死薪水限制、工作領域障礙和學歷文憑窠臼，並快速累積人脈、財富和經驗的職務，業務不怕沒得做，就怕你不做；而對於缺乏背景、學歷卻急需收入的職場弱勢者而言，往往是救命良方。

　　雖然我本身寫了不少業務方面的書，但我還是覺得這本書最棒。這本書不只適合第一線的業務員，也適合內勤工作者。就如同本書前言所提及的，其實每個人都是業務員。

　　對於業務新手來說，剛開始不太熟悉銷售技巧和正確的觀念；對於業務老鳥而言，無形中可能有一些盲點或不知如何精進，而《業務九把刀》這本書可提供你答案和解藥。

　　哈佛企管超級業務員充電課程中提到「業務員不只是負責銷售，他們是不斷追求改變的學生，自我要求處理不滿現狀的醫生，為客戶架構最理想境界的建築師，為團隊創造高績效的教練，消除客戶購買恐懼的心理醫生，促使客戶做正確決定的談判高手，也是一位啟發他人新期望的老師和不斷培植出令人滿意水果的好農夫。」身為業務員必須揣摩的八大角色。本書內容完全涵蓋了這八大角色，無論是頂尖的談判技巧，寓意深遠的小故事，超凡的領導藝術等，盡收其中，是業務員的葵花寶典，團隊領導人的智慧錦囊。在這個競爭激烈的M型社會，我相信這本書能幫助更多的業務員從平凡走向優秀，從優秀邁向卓越。

亞洲八大首席名師　王寶玲　博士

擁有學習力，落實執行力

　　哲安是一個用心、誠懇、專業和勤快的人，並敢於追求目標和夢想，並且清楚知道自己要什麼，給現代的年輕人一個良好的示範。我常說：「人生如同故事，重要的並不在於有多長，而是在於有多好。」只要能夠心中懷抱著夢想的燭光，人生將因為有夢而更顯美麗。恭禧哲安完成他的夢想。

　　這本書希望大家可以買來看，因為內容非常精緻實在。書中談到許多非常重要的觀念和技巧，讓我印象深刻，找到很多共鳴。首先是第一章關於時間分配的技巧，不要讓所有的事情都變成急迫的事，你對時間的掌控力越強，代表你自我管理的能力越強。管理學大師彼得・杜拉克說：「你管理時間的方式會決定和限制你的成就與效能。」覺得時間老是不夠用的朋友，在本章節會有令你滿意的答案。

　　第三章談到一個很棒的觀念，銷售是用問的，而不是用說的。沒錯！很多業務都是一直說，說到最後才請客戶說。除了要會問之外，當客戶回答時，要懂得傾聽，聽出客戶的弦外之音，才能讓你事半功倍。

　　第七章所談的領導，跟我的想法是相同的，一名稱職的主管最重要的就是身先士卒，以誠待人，才能凝聚團隊的向心力。而領導人最重要的本事之一，就是運用個人過去的經歷，在職場上不斷成長，因為在困境中領

導時，學到最多。我一直在運用領導，不需要頭銜的技巧在帶全公司，走向另外一個至高點。我發現企業成敗的關鍵在於人，一個球隊的成敗也是人，所以帶人要帶心，掌握這些重點，便可以帶領員工往前走。

　　親愛的朋友，讓我們一起擁有學習力，落實執行力，讓熱情賦予工作意義！勇敢去敲客戶的門，讓人生更加精彩美麗！最後祝哲安這本書能成為長銷書！

1111人力銀行執行長　李紹唐

學習的目的是為了實踐

　　很高興也很樂意能夠幫哲安寫推薦序。我以前的工作是負責安排某個領域的世界頂尖專家，來台演講開課、或者華人學生到新加坡上課學習的課程業務，例如，世界第一潛能激勵大師安東尼‧羅賓、《富爸爸‧窮爸爸》作者羅伯特‧清崎、《富爸爸銷售狗》的作者布萊爾‧辛格、行銷之神傑‧亞布罕、暢銷書《心靈雞湯》作者馬克‧韓森、《有錢人和你想的不一樣》作者哈福‧艾克、2010年美國柯林頓來台演講業務等。見過、培養過、也接觸過許多業務界的頂尖高手，在台灣這六年多台灣的工作時間，哲安是讓我最印象深刻的業務員。

　　哲安這本書可以說是近五年來，我看過整理的最實用且有效的銷售書籍。這本書和坊間銷售書籍最大的不同在於內容具全面性，而且很多部分還是他自己的實務經驗。從個人的時間分配、客戶管理、銷售和行銷，一直到團隊的建立、激勵和領導，面面俱到。另外，書中談到不同大師的銷售技巧，這對於讀者來說是非常好的，因為其實沒有一種技巧適用於所有的行業、所有人，所以，你可以在本書裡學到各種不同的技巧，然後適時地發揮出來。

　　我常常在演講中提到成功只有兩種方法，一種是用自己的方法，另一種是直接用已被證明成功有效的方法，你覺得哪一種較好？哲安這本書裡

所談的一些觀念和技巧，都是世界各領域大師所親身用過證明有效的。哲安把這些大師的觀念和技巧，落實運用在工作上。這也是他當時業績第一名的其中一個重要原因。

哲安還有一個很好的特質，就是非常善良，一個業務員，若缺乏善良的心，再多的話術也是枉然的。就如同管理學大師彼得‧杜拉克說：「企業存在的目的，不只是為了追求利潤，而是創造顧客，滿足顧客。」如果企業只是為了增加利潤而不顧一切，那麼市場上就有可能有更多的黑心產品了。

哲安是我當時公司第一名的業務員，他之所以有這樣的績效表現，有一個很棒的優點，就是自我管理很不錯，什麼時候該做什麼事情都控制的很好。我常開玩笑說他是業務界的公務員。不管如何，向你強力推薦《業務九把刀》這本書，對於從事業務的朋友，更是不容錯過。

彼得杜拉克管理學院台灣負責人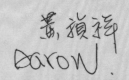

水到渠成最自然，水漲船高最圓滿

　　認識哲安已超過五年的時間，第一次認識他時是在我主講的「魅力行銷」演講會中，當時他聽完我的演講之後買了我整套的CD，並傳簡訊問我如何成為一名優秀的演說家，我回覆告訴他，以你的身形條件有先天的優勢，日後加以多充實和多練習，並掌握帶給聽眾的是有啟發的，有激勵的，有學到東西的內容。想不到日後他不定期會傳簡訊和Email給我，讓我對他印象深刻，頗有好感。

　　哲安很有心，他從書的編排，到整個文字的內涵，都非常的到位。銷售的最高指導原則，就是「水到渠成最自然，水漲船高最圓滿，幫助顧客做出好的選擇」。我本身已有三十五年以上的業務實戰經驗，培養無數超級戰將，並研習國內外眾多系統課程，每年演講數百場，不斷以各種方式引爆聽眾自我魅力、展現潛力，至今還在業務第一線。以我閱人無數的經驗，我覺得哲安是一個可造之材，如今他出書了，很替他高興也很開心受邀寫推薦序，書中的部分內容非常難得珍貴，有些內容是要投資好幾萬元才有可能學到的東西，甚至坊間學不到的技巧，哲安把它有系統地整理出來。

　　本書內含NLP（Neuro-Linguistic Programming神經語言學的簡稱）的技巧，NLP是一九七○年，有兩位因不滿傳統心理學派治療過於冗長，其效果

反覆不定，而集合各家所長及他們獨特的創見，在美國加州大學學院內，經多年的實驗與整合，終於形成了神經語言學（NLP）的基礎架構。它包含了傳統的心理學、神經學、生理學、語言學，NLP發展至今已三十餘年，運用大腦思考邏輯，在世界各國已成功幫助成千上萬的人們遠離創傷、痛苦、恐懼、焦慮等負面情緒，NLP更可運用在商業銷售中，透過NLP可快速瞭解一個人的思維模式，以投其所好，並強化信念，改變語言，養成正向思考的習慣，學習轉念的技術，增加業務銷售的彈性表現，以及說出客戶想聽、愛聽、會聽的語言模式。我相信哲安這本書一定能幫助更多的人在銷售上更上一層樓。

　　生命之所以精彩，是能夠分享生命的每一天，分享是最好的學習，而學習要不斷的複習。心中有愛多「客戶」、心存感激多「朋友」、心想事成多「成果」。祝哲安《業務九把刀》這本書成為長銷書。

中華華人講師聯盟創辦人　張淯生

銷售應該這樣做

　　銷售這個領域真的是非常有趣，又有高度吸引力。有趣在你沒有辦法只用一種方式銷售給不同的客戶，所以，應變的能力，似乎要很強才可以，但，真的是這樣嗎？從全世界的超級業務來看，恐怕不是！應變能力強且專業的人一般都只能成為一個中上的業務員。要成為頂尖，就不能只有專業知識比別人強，因為在網路的世界裡，你的「專業知識」可能會顯得很「渺小」，應當知道如何運用所謂的「專業知識」，將龐大的資訊，整理分析成為有效的「情報」，從中找到市場的「規則」，再運用銷售技巧，深深地與客戶「潛意識」產生連結，才能達到銷售的目的。

　　哲安小老弟能將多年所學及經驗整理出書，令人感佩萬分；對讀者而言，一次能吸收這麼多大師的智慧，更顯得珍貴。本書以西方經驗為主，輔以東方思考角度切入，「九把刀」刀刀都命中業務工作成敗的要害。若能苦練其中一把，必能站穩業務領域，若能全部習得，成為明日之星將指日可待。

　　多年來看到哲安的努力和成長，十分感動有這樣熱血的年輕人。特以此序，鼓勵哲安，並強力推薦大家列為必讀的好書。

宏利人壽副總經理　　　黃碧士

業務九把刀

學習改變命運

業務工作在一般的職務選項中，也許不是一般人的首選，但是對於公司而言，高績效的業務員，卻常是老闆心目中最重要的員工。

而一個優秀的業務員，似乎不是天生的。在本書中所提及的世界頂尖的三位業務員—湯姆・霍普金斯、喬・吉拉德和馬修・史維，他們在剛踏入業務領域時，業績表現可說都是乏善可陳，但是他們都在歷經了一個相似的經歷後，在很短的時間內，就成為頂尖的業務員。而這個相似的經歷，就是他們都接受了銷售訓練課程，這個課程使他們脫胎換骨，成為世界上最頂尖的業務員。

可見，一個業務員成功的關鍵，除了人格特質及熱情外，最重要的是這個業務員是否受到良好的訓練，是否在業務這個領域中具備正確而完整的業務行銷知識，並不斷在專業的領域中持續精進。

一個業務員若要持續創佳績，不斷地學習成長絕對是很重要。而市場業務技巧及業務激勵的課程及書籍非常多，所涵蓋的領域很廣泛，很難在單一的教材中得到完整的知識。而這本書，可以看見作者將業務生涯中所學及其個人所獲得的領悟，歸納成有系統的業務知識，包含從時間管理、業務的心態、技巧，以及許多成功者的故事與範例，讓一般人能夠很有條理地了解業務員應具備的知識。而其中所涵蓋的面向非常完整，尤其書中

所整理的許多頂尖業務員的「心法」，可以說是一個業務員很好的工具書。而每個章節之後所提供的演練，也可以做為業務主管訓練業務團隊的好教材。

欣見《業務九把刀》的出版，也希望從事業務工作的朋友，能因為這本書而「功力大增」，業績長紅。

江亦帆數位音樂中心創辦人

信念造就一生，堅毅成就美夢

　　林哲安，一個你不會在路上一眼就認出來，外表打扮就像個普通的業務員，也沒有印象曾在報章雜誌上出現的人。

　　這樣平凡的一個男人，喜歡上各種教育訓練的課程以充實自己，不讓自己被失敗打倒後痛苦太久，每天都為業績和為工作找方法，有一天他打電話告訴我，他要出一本書，完成了他的夢想。

　　我笑了，這代表我的生命中又多了一個勇敢實踐夢想，開始變得不平凡的朋友。

　　認識哲安快八年了，當初會相識是因為彼此熱愛學習安東尼‧羅賓、博恩‧崔西、湯姆‧霍普金斯等成功激勵大師相關課程，在一次偶然的機緣見面交換彼此珍藏的教育訓練資料。那時，兩個充滿熱血的年輕人，每次見面聊起教育訓練與成功學的各種理論都會辯論得口沫橫飛、欲罷不能，當時驕傲的我總認為像哲安這樣每天瘋狂收集各種成功學資料、花錢上各種大師的課、記一大堆筆記、看一大堆書、聽一大堆演講的人，充其量只是個快樂的學習者。而他，卻一邊說著沒錯！一邊又拿出筆記興奮記下我所說的話（昏）。

　　八年後，我果真如願以償地從研究生變成了企業人際溝通與情緒管理的專業講師，一步步藉由當年所學的技巧完成自己的核心目標，完成把戲

劇遊戲結合成人教育訓練，讓大家在笑聲中快樂學習的夢想。因為我一直相信當初我們都堅信的座右銘：人一定要做自己最快樂的事，然後把它做到最好。

當我很順利靠著表演天賦與運氣逐一完成了人生每個階段性目標：成為講師、成立劇團、出書，以及明年即將成立自己的公司。那個當年口口聲聲說要成為第一名的業務員、站在舞台上感動別人的講師，還說要出唱片、上商業雜誌的哲安呢？他在哪裡？

沒想到後來，哲安靠著他堅持的精神，與花了近十年蒐集和學習各大師所傳授的心法與技巧加持下，他在最短的時間克服了所有障礙成為公司第一名的業務、也完成了講師夢，還順利出了書。想分享所有他這幾年辛苦整理出來業務必備的成功關鍵和經驗技巧給大家。這平凡的傢伙，簡直只能用不可思議來形容！

就像這本《業務九把刀》給人的感覺一樣，乍看之下你會以為這可能又是一本坊間教人提昇業務能力的工具書，甚至連作者是誰都沒聽過。但翻開一看，我相信裡面的方法、技巧與大師名字你都不陌生，你都能在別的課程、書籍與研討會聽得到，但他竟然默默地幫你整理出近五百個方法和技巧。那些你上過課所抄的厚厚筆記、買了但根本沒時間讀完的許多大師經典、花大錢買的課程與講義，哲安都幫你讀完了。

哲安用他的執著與熱情的態度，做著自己最快樂的事──學習，花了這麼多的時間與精力整理出這麼多的精彩觀點集於一本書，目的只是為了要讓更多還在汲汲營營努力掙扎於業務工作的你，省下學習時間和更快地

找到成功的方法。內容豐富到不可思議的地步，甚至連不認識他的名人都會願意幫他寫推薦序，只因他真的寫出了一本匯集所有業務必備的工具大全，不推薦都對不起自己。

　　看著哲安累積了這麼久，終於完成了他的目標，也讓我想起了某個大師說的竹筍理論。深埋土裡靜靜吸收日月精華，等待破繭而出的竹筍不會輕易被你發現，但哪天冒出頭來就會一瞬間長成竹子，勢如破竹勇往直前。我想接下來，哲安會再完成什麼事我都不意外了。

　　期待哲安接下來的新專輯與某期的商業雜誌能見到他。

企業教育訓練講師

新激梗社劇團　編導演　飛天耶穌 ⚇!!

Nine capabilities salesmen should possess

PREFACE

業務必備的久贏真經

　　首先感謝采舍國際王寶玲董事長、歐綾纖總經理和資深主編蔡靜怡等人提供資源與協助，讓筆者可以順利完成《業務九把刀》這本書。

　　我在二〇〇六年至二〇一〇年連續五年分別寫下三十五歲以前要出版一本書的目標，結果在二〇一〇年底遇見生命中的貴人王寶玲博士，讓我能順利出版《業務九把刀》這本書。接下來我要繼續實現上商業雜誌和出版個人音樂專輯等目標。

　　在過去近十年的業務銷售經驗中，我嘗試過掃街、陌生拜訪、電話行銷、B To B（企業對企業）和B To C（企業對個人）等各種不同類型的業務工作，曾經連續六個月沒業績，也曾經創下全公司業績第一名的佳績。

　　在我面臨人生挑戰時，閱讀是我調整心情，讓自己更有力量的主要方式。也就是說「書」伴隨著我的生命，讓我不斷成長、茁壯。同樣的，我也希望我的書能夠幫助更多的人，讓他們更好。這就是我想出版這本書的動機。願這本書能夠對各位有所幫助。這本書可說是我工作十年來整個學經歷的紀錄和過程。

　　《業務九把刀》這本書共有九個章節，每章節都選自金庸和古龍小說中的一種刀，而每一種刀各自代表業務必備的能力。這本書有五大特色：

一、適合每個人閱讀

因為每個人都是業務員，只是銷售的產品和對象不同，過去坊間有一些書籍和雜誌都有提到這個觀念，例如天下雜誌405期封面就以「人人都是業務員」當做主題，再加上這本書有提到如何分配時間，如何自我介紹和如何經營人脈等，這些都是每個人都必須要知道的事情。所以從助理到總經理，都非常適合閱讀這本書。

二、坊間銷售書籍都沒有寫出來的銷售祕訣

世界潛能激勵大師安東尼・羅賓（Anthony Robbins）說：「一個人所做的任何決定，不是追求快樂，就是逃離痛苦。」「追求快樂」是指購買我的商品有什麼好處和價值，所以訴求關鍵在你要給客戶好處，讓客戶願意追求快樂；「逃離痛苦」是指購買我的商品可解決我某方面的痛苦，所以你要給客戶痛苦，在傷口上灑鹽，因為人習慣花錢止痛，但一般業務員只會給客戶快樂，卻不會給客戶痛苦。然而更重要的是你有沒有想過，要先給快樂，還是先給痛苦呢？想知道更多請見本書第三章第五式。

三、完全巔覆傳統的銷售觀念

銷售和你想的不一樣！一般公司都教育他們的業務員如何說，卻沒有訓練他們「如何問」。因為銷售是用問，不是用說的。銷售是一種問與答的過程。銷售是引導對方說出我們想要的答案。銷售是一連串問問題的熟練度。坊間有教大家如何利用問句來銷售的書少之又少，即使有也沒有很

有系統的告訴我們要怎麼問，並分別舉例說明。而這本書有系統地整理出**問句七大技巧，三大公式，並分別舉例說明**。你可以直接套用在你所銷售的產品，無論電話行銷、邀約客戶、企畫提案、締結成交等一切適用。

四、一次包含十二位世界大師成功與銷售的技巧和智慧

1. 全世界銷售房地產第一名湯姆・霍普金斯的銷售祕訣～**銷售是用問的，不是用說的。**

2. 全世界銷售汽車第一名喬・吉拉德的銷售祕訣～**不要把自己變成祕密。**

3. 世界第一催眠大師馬修・史維的催眠式銷售祕訣～**神奇的詞彙。**

4. 世界第一名潛能激勵大師安東尼・羅賓自我激勵的信念～**其實你並沒有失敗，只是暫時停止成功。**

5. 世界第一人脈大師哈維・麥凱的交際祕訣～**沒有陌生人，只有還沒有認識的好朋友。**

6. 世界第一行銷大師傑・亞布拉罕的行銷祕訣～**與人合作。**

7. 世界第一談判大師羅傑・道生的談判祕訣～**河東獅吼開大口。**

8. 世界第一領導大師約翰・麥斯威爾的領導祕訣～**鴨子永遠不會變成兔子。**

9. 世界第一成功策略大師博恩・崔西的成功祕訣～**每天早上你的第一件工作是要活吃一隻青蛙。**

10. 世界時間管理大師艾維・利的時間管理祕訣～**一日之計在於昨**

夜。

11. 世界銷售激勵大師金克拉的銷售祕訣～**媽媽成交法**。
12. 世界知名品牌富爸爸銷售狗的作者布萊爾・辛格的領導祕訣～**榮譽典章**。

五、作者十年的業務經驗＋十年學習的精華

多年來，我積極研究到底要如何才能做出高業績，於是我看了無數本業務相關書籍，請教各行各業業務高手，並敢於投資在自己的大腦，參加許多大大小小的演講和課程。我將過去十年所學融合實務經驗，花了十個月的時間，歸納和整理寫成《業務九把刀》這本書。我不並是要教大家什麼，而是我把多年來的心得與體會歸納整理成有用且系統化的知識，提供給需要的人。

整本書的架構，並不是只有談到銷售。因為一個業務員除了要會把話說出去，把錢收回來外，還要懂得如何運用行銷的力量讓你借力使力不費力，如何做好時間分配讓你每分每秒做最有生產力的事，如何做好客戶管理，因為認識人，了解人，你將無所不能，如何運用一對多銷售，讓你用最少的時間拜訪最多的客戶，除非你一輩子只願意做一個單打獨鬥的業務員，或者只願意用自己的時間在賺錢，不然你一定要學習如何建立夢幻團隊來倍增績效，如何激勵團隊和領導團隊來共創未來，內容豐富多元，實務有效，難得可貴，物超所值，是每位業務必備的武功祕笈。

本書和坊間的銷售書籍最大的差別就在於它**完全巔覆傳統的銷售觀**

念，一次學到十二位世界大師成功與銷售的技巧與智慧，坊間銷售書籍和銷售課程都學不到的祕訣盡在本書。

　　業務領域範圍廣泛，本書雖力求完美，然猶有未逮，感謝幫我寫推薦序的前輩，感謝創見文化出版社願意幫我出書和投入資源，感謝曾經幫助過我的朋友和激勵我奮發的人。我相信這本書可以幫助你，除非你沒有實際熟練運用。您可以寫信與我分享因為這本書在工作和生命上有什麼樣的轉變。祝您業績長紅，破繭而出，成就非凡，健康快樂！

林哲安　謹識

目錄
Contents

第一章 血刀 如何做好時間分配

Nine capabilities salesmen should possess
CONTENTS

第五章 五虎刀 如何建立夢幻團隊

第六章 迴風拂柳刀 如何激勵團隊

Nine capabilities salesmen should possess

CONTENTS

第七章 屠龍刀 如何領導團隊

第八章 冷月寶刀 如何處理客訴

第九章 金刀黑劍陰陽雙刃 如何一對多銷售

前言。

你知道嗎？其實每個人都是業務員。父母要說服孩子乖乖聽話，孩子要說動父母給他零用錢，老師要勸導學生用功讀書，學生要向老師爭取考試All Pass，老闆要激勵員工努力工作，員工要說服老闆替他加薪升遷，總統用政見引導民眾，宗教用思想和信仰來改變人們。所以如果你是內勤工作者，你的客戶不是外面的客戶，而是你的同事、你的主管，因為你需要和主管溝通，你可能還需要和跨部門的同事溝通，這些都是需要靠你的銷售能力。

我曾經看過一個有趣的真實故事：多年前有一位大學剛畢業的社會新鮮人應徵一家公司「業務助理」的工作，一坐下來，面試主管還沒問她問題，她倒是先問了四個問題：

1. 請問你們是否有勞、健保？
2. 請問你們是否有週休二日及三節獎金？
3. 請問你們是否可以準時下班？因為我晚上都要陪男朋友。
4. 我不要做業務喔！還有如果薪資低於30,000元，我就不考慮了。

面試主管好奇地問她：「妳真的準備好要出來工作了嗎？」她說：「是啊！不然我幹嘛來面試！」面試主管：「妳可以談談妳的專長嗎？」她回答說：「我很會唱歌喔！我的個性很好，也喜歡爬山！」面試主管再問：「還有其他的專長嗎？或是妳的人格特質是什麼？」她回答說：「只要不要當業務，一般行政工作、接接電話、打打電腦，我都可以啊！」面

試主管又問：「為什麼妳那麼討厭業務工作，妳知道什麼是『業務』嗎？妳曾經做過嗎？」她回答說：「沒做過啊！只是當業務要跑外面，皮膚會曬黑，而且我討厭推銷東西！」面試主管再問：「妳知道妳現在就在當一個業務如何推銷妳自己嗎？」她竟回答說：「才不是呢！我是來面試的！」

看完這段故事，不知道你會不會跟我有一樣的想法？所以無論你的職務是什麼，你我都是業務員，只是每個人銷售的對象和產品不同罷了。所以**每個人一生之中，每天都在經歷銷售自己，銷售觀念和影響他人的過程。**

既然我們都在銷售，你知道世界三大銷售奇葩是誰嗎？首先，第一位叫湯姆·霍普金斯（Tom Hopkins），進入大學三個月後因經濟因素而輟學，在建築工地扛鋼筋為生，每小時工資五美元。十七歲進入房地產銷售業，剛開始成績慘不忍睹，在一個偶然的機會下，他參加了一個銷售訓練，之後他開始在房地產界大展身手，二十三歲時，創下一年售出三百六十五幢房子的記錄，平均每天賣一幢房子，成交率高達98%。二十七歲擁有私人飛機，二十九歲成為美金億萬富翁，三十一歲時決定將他一生無懈可擊的銷售技巧公諸於世，三十二歲開始世界各地演說和出版著作，你渴望知道湯姆·霍普金斯的銷售絕學嗎？

第二位喬·吉拉德（Joe Girard），他在三十五歲之前一事無成，流落街頭，當過扒手曾失風被捕，還當過挖土機司機及酒館保鑣，就在當他

生命最徬徨無助時，有人介紹他到美國雪佛蘭汽車當業務員。頭兩年他的業績極差無比，一年賣不到四輛汽車，在一個偶然的機緣下，他參加了一個頂尖的訓練，沒想到改變了他的一生，從三十七歲開始到五十歲，連續十四年創下至今無人能超越的四項金氏世界紀錄。他總共賣出了一萬三千零一輛汽車，平均每天賣出六輛汽車，最多一天賣出十八輛車，一個月最多賣出一百七十四輛車，一年最多賣出一千四百二十輛車。你渴望知道喬・吉拉德的銷售祕訣嗎？

第三位馬修・史維（Marshall Sylver），他二十三歲時還在加油站打工，兼差當魔術師，他的好友是大衛・考柏菲（David Copperfield），有一天他突然開竅，他知道自己無法超越大衛・考柏菲，因此他轉向催眠領域。十年後，他被美國喻為史上最偉大的催眠師。他曾透過CNN電視節目，一次催眠五百萬餘人次，他更將催眠和銷售結合成「催眠式銷售」，演講一次收費一萬美金，每年都有數百個企業家參與訓練。你渴望知道如何使用催眠式銷售嗎？

除了世界三大銷售奇葩的銷售祕訣外，你還想知道如何讓客戶拜託你賣給他嗎？你想知道如何說服全世界最難說服的人嗎？你渴望知道更多你可能不知道，但對你的業績和生命有所幫助的事情嗎？

現在，就讓我們進入每個人都必須擁有的基本功──時間分配。

第1章

血刀
如何做好時間分配

Nine capabilities
salesmen should possess

血刀

源自於金庸小說——《連城訣》。

時間就像血液般重要，人如果沒有血液，就會危及生命；而人生如果沒有好好把握和善用時間，終究會後悔萬分。

俄國知名作家高爾基（Gorky）說：「世界上最快而又最慢，最長而又最短，最平凡而又最珍貴，最容易被忽視又最令人後悔的，就是時間。」

從前有個漁夫，每天都習慣在五點鐘起床到碼頭捕魚。有一天他突然起個大早，半夜三點就到碼頭邊，在昏暗的天色中，忽然腳下踢到一袋東西，他蹲下身拿起來打開一看，裡面是一顆顆小石頭。他想反正時間還早，就拿起一顆顆小石頭丟向大海，時間一分一秒地過去了，就在大約五點半的時候，突然間！他發現到自己手上的那顆石頭怎麼在閃閃發亮，他仔細一看！天啊！原來這不是小石頭，而是一顆鑽石。漁夫趕緊摸摸看袋子裡還剩下幾顆鑽石，結果裡面卻一顆也沒有剩，全部都被他丟入大海了。我們的生命和時間，就像漁夫手上的鑽石一樣珍貴，你是否也把手上的鑽石一顆顆丟入大海了呢？

一個人的成就，取決於他如何善用時間，然而時間對每個人來說都是公平的，每個人一天都有86,400秒，特別對於業務來說，時間更是珍貴重要。一般人講時間管理，而我個人認為時間無法管理，但是時間可以分配。**時間分配的目的是讓你在更短的時間內完成更多的事情**。然而在時間分配以前首先要有**明確的目標**，因為如果沒有明確的目標，我們就不知道現在該做什麼，不知道現在該做什麼就不需要時間分配了。

在本章節裡，你將會學到：

- 如何決定工作事項的優先順序
- 價值百萬的時間分配技巧
- 如何避開十大「時間沼澤」
- 如何成為時間設計師的二十個關鍵

優先順序的抉擇

Nine capabilities **salesmen should possess**

無論你是從事內勤工作還是外勤工作，都應該要有每日／每週／每月的工作時間計畫表，並培養一種可以靈活調整時間的能力，因為周遭的雜事會佔用你的時間，這些事情包含：

- 電話
- 開會
- 他人干擾
- 電子郵件
- 客戶來訪或求助
- 各種突發狀況

因此你需要判斷哪些工作事項值得你現在去做。

「影響程度」和「緊迫程度」是影響工作事項優先順序的兩大重要因子。「影響程度大」是表示這工作事項對你的業績或對公司和團隊有很大的直接影響；「緊迫程度大」是表示這工作事項對你的業績或對公司和團隊有立即處理的必要，所以你不只要考量「緊迫程度」，還要根據「影響程度」來決定工作事項的優先順序，當你遭遇來自時間壓力的同時，它才能幫助你更有智慧地在時間內完成工作。

我們可以把待處理的工作依優先順序分成四個象限：

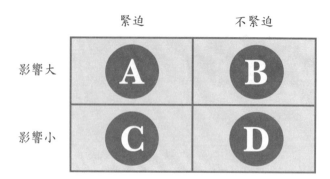

A象限：此工作事項對你的業績或對公司和團隊影響大又緊迫，需要第一時間馬上處理。當同時有兩件以上工作事項屬於此類型時，還是要從中決定哪個工作事項是影響最大且最緊迫的必須要優先處理。

B象限：此工作事項對你的業績或對公司和團隊影響大但相對來說不是那麼緊迫，可排在第二順位處理，但是千萬不要遺忘或忽略了，因為若沒處理等過了一段時間，這項工作就會演變成影響大又緊迫了。

C象限：此工作事項對你的業績或對公司和團隊影響小但緊迫。若自己無法處理，可考慮授權給他人，並確實掌握他人執行的進度，因為授權不等於棄權。

D象限：此工作事項對你的業績或對公司和團隊影響小又不緊迫，你可以排在最後處理。

上述方法又稱「Z字法則」，因為按ABCD順序看起就象英文字母「Z」。根據我多年的觀察和體會，發現**一個業務如果業績要好，一定懂得做好時間分配，並在對的時間做最有生產力的事情。**然而什麼是最有生產力的事情呢？這跟個人價值觀有關，一般來說，**見客戶是最有生產力的事情。**可惜我發現有些業務花在見客戶的時間是最少的，反而花在搜尋和整理資料等時間較多。你可以算一下自己一天當中，見客戶花了多久時間，便可知道自己今天是否過得充實，是否有生產力了。

價值百萬的時間分配技巧

Nine capabilities **salesmen should possess**

1

不知你是否也覺得要做的工作很多，但是卻沒有足夠的時間去完成它們。其實很多人都有如此的感受，有時我們為一天擬訂了許多工作事項，當沒有完成或目標沒有達成時，這可能會令人感到煩燥、無力又累積了工作，當我知道有一個技巧可改善我的工作情況後，我發現我的工作效率增加了，並且更享受工作，這個技巧就是每日六件事。此技巧有一個典故，在此和大家分享。

伯利恆鋼鐵公司（Bethlehem Steel）的總裁，一直想解決員工工作效率不佳的問題。某天，他向一位極有名的時間管理大師艾維·利（Ivy Lee）請教如何提升員工的工作效率，時間管理大師艾維·利回答說；「沒問題！至於顧問費呢？就看到時你認為價值多少，就給我多少吧！」總裁也爽快地說：「沒問題！」

二天後，時間管理大師艾維·利寄來了一封上頭寫著：「關於您工作的處理方式之建議」的信給總裁。總裁迫不及待地馬上打開來看，上面寫著：今後的時間分配之進行方式如下：

1. 在每日就寢之前，把隔日需處理之最重要的六件事情寫下來。
2. 將其優先順序按ABCD註明。A代表最重要且最有價值，B代表次重要，其他以此類推。

3.先做最重要且最有價值的事情。

4.每做完一件事情就把它畫掉。

5.教育每位員工共同實踐這個方式。

6.你覺得有多少價值，就給我多少錢的支票。

　　一星期後，總裁寄出了一張價值二萬五千美金的支票。後來有人把這個方法徹底運用，創造了月入二百萬美金的現金流。

　　我將上述技巧改良成下面的表格。這個表格筆者自己就用了好幾年，唯有用過的人才能體會它的好用和價值。表格中的□要填重要順序ABCD。

每日工作計畫表

日期：＿＿＿月＿＿＿日　姓名：＿＿＿＿＿＿＿＿＿＿＿

順序

□ 1.＿＿＿＿＿＿＿＿＿＿＿＿＿＿＿＿＿＿＿＿＿＿＿＿

□ 2.＿＿＿＿＿＿＿＿＿＿＿＿＿＿＿＿＿＿＿＿＿＿＿＿

□ 3.＿＿＿＿＿＿＿＿＿＿＿＿＿＿＿＿＿＿＿＿＿＿＿＿

□ 4.＿＿＿＿＿＿＿＿＿＿＿＿＿＿＿＿＿＿＿＿＿＿＿＿

□ 5.＿＿＿＿＿＿＿＿＿＿＿＿＿＿＿＿＿＿＿＿＿＿＿＿

□ 6.＿＿＿＿＿＿＿＿＿＿＿＿＿＿＿＿＿＿＿＿＿＿＿＿

□ 7.＿＿＿＿＿＿＿＿＿＿＿＿＿＿＿＿＿＿＿＿＿＿＿＿

□ 8.＿＿＿＿＿＿＿＿＿＿＿＿＿＿＿＿＿＿＿＿＿＿＿＿

□ 9.＿＿＿＿＿＿＿＿＿＿＿＿＿＿＿＿＿＿＿＿＿＿＿＿

□ 10.＿＿＿＿＿＿＿＿＿＿＿＿＿＿＿＿＿＿＿＿＿＿＿

我今天一定要完成的目標是＿＿＿＿＿＿＿＿＿＿＿＿＿＿＿

＿＿＿＿＿＿＿＿＿＿＿＿＿＿＿＿＿＿＿＿＿＿＿＿＿＿＿＿＿

時間分配六大原則

1. 列舉工作清單	4. 每項工作只經手一次
2. 按重要順序排列ABCD	5. 做完請確實把它劃掉
3. 先做A項目	6. 請於前一天擬訂好原則1和2

你不可不知的十大時間沼澤

Nine capabilities **salesmen should possess**

即使我們按照工作事項的優先順序來安排我們的時間，但仍然會因為某種因素而得不到預期效果。這些因素通常會和個人日常習慣和行為有關。

我們應該嘗試減低這些因素所造成的影響或把它們清除。這些因素我稱它們為「時間沼澤」。這十大「時間沼澤」分別是——

1. 不清楚自己工作的內容／目的／重點
2. 頻繁改變工作事項的順序
3. 想做的事太多
4. 個人私事
5. 外在干擾
6. 一件事情分好幾次做
7. 自我約束力不足
8. 不會對他人說『不』
9. 太多或無效的會議
10. 拖延的惡習

《巴金森法則》（Parkinsons Law）說：「**你有多少時間完成工作，工**

作就會自動變成需要那麼多時間。」也就是說如果你有一整天的時間可以做某項工作，你就會花一天的時間去做它；而如果你只有一小時的時間可以做這項工作，你就會更迅速有效地在一小時內做完它。所以，預先設定要花費的時間，可以有效提升效率。

美國心理學之父威廉·詹姆士（William James）對時間行為學的研究發現以下這兩種對待時間的態度——「這件工作必須完成它實在討厭，所以我能拖就儘量拖」和「這不是件令人愉快的工作，但它必須完成，所以我得馬上動手，好讓自己能早些擺脫它」。然而只有後者的態度，才能帶來正面的效應。

有時候你可能會突然被叫去參加一個會議，這意味著你已經計畫好的一天工作已經被打亂，在我們的生活中「時間沼澤」可能隨時出現，你可以把它當成一次學習的機會，來評估自己控制或降低時間沼澤所帶來的影響能力。所以，我們每個人都可以避免掉入「時間沼澤」而無法自拔，關鍵在於你的習慣和行為。

第4式

成為時間設計師的二十個關鍵 1

Nine capabilities **salesmen should possess**

有句話說：「你的時間花在哪裡，成就就在哪裡。」一個人的成就，決定他二十四小時做了哪些事情，你若不有效分配時間，就會被時間所分配，以下分享二十個提升工作效率的關鍵：

1. 同時進行

如果你要在某一個時間內完成大量的工作，只有兩個方法：一個是提早執行，另一個是同時進行。比方說：

◎ 你可以一邊打電話，同時列印電腦文件，同時等待傳真。

◎ 你可以按下影印機列印鍵，趁影印時去上廁所。

通常是利用等待的時間去做另一件事情，這樣等於同時做兩件事情。

2. 預先規劃與確認

星期五下班前要聯絡且確認好下週的拜訪行程和工作事項。以約客戶來說，如果我設定下週每天拜訪三位客戶，我會在本週就先約好，並於出發前一天再次確認好時間和地點，因為客戶和我們一樣時間都很寶貴，客戶不是天天都有空見你，所以凡事早一步就對了。

3. 檢討和修正

你可以檢查一週或一個月的整個工作計畫表中：

- 哪些時間浪費掉了？
- 哪些事情延誤了？
- 哪些事情做得過於完美？
- 哪些事情延後處理也沒關係？
- 哪些事情能請別人代勞？
- 哪些事情可以不必處理？
- 哪些事情可以加快處理的腳步？
- 哪些事情做得非常好？讓你達成目標。

當我們無法如期完成某個工作事項時，不管進行到哪裡，都應該反應給主管或是相關人員知道。這樣的目的在於讓對方了解你在執行中所遇到的困難點和工作情況，進而可以讓雙方共同思考解決之道。

4. 停止對自己毫無益處的工作或活動

在上班時間，如果拿來看影片，玩線上遊戲，上MSN聊一些跟工作無關的話題，和同事大聊八卦，甚至上班時間邀約同事一起去喝咖啡聊是非等，這些和工作無直接關係的事情都是應該停止做的。

5. 在一天工作開始時先做那關鍵20%的事情

80/20原則是由義大利經濟學家維爾夫雷多・帕雷托（Vifredo Pareto）於1895年首創，因此也稱叫「帕雷托原則」。意思是說全世界20%的人創造80%的財富，公司20%的業務創造公司80%的營收，20%的客戶創造你80%的業績。所以根據這個原則，你可以把注意力集中在那關鍵20%的工作事項上。假如你今天有十項工作事項，想看看哪些工作事項是屬於那

20%，20%的工作會影響你80%的工作績效，所以先做那20%的工作事項。

比方說你有一個合作企畫書要寄給客戶，這合作企畫書若對方同意，就能為公司創造100萬的營收，如此重要和影響大的事情，就應該上午就把它寄出，並持續追蹤。

6. 對於每一件事情盡量一次就把它做對、做好

一件事情想辦法一次就把它做對、做好。例如：你要回覆一封重要的電子郵件，一次就把內容寫好並回覆寄出，不要花二次以上的時間再回信或忘了發送。

7. 避開會讓你無法專心的事情

例如：某位同事會在上班時間一直找你聊天，你可以很誠懇地對他說我現在正在處理一件很重要的事情，要聊下班再聊好嗎？如果一直有讓你無法專心工作的因素，就要設法不被干擾，以免影響你自己的工作效率。

8. 學會善用零碎時間

那些覺得時間不夠用的人或許不知道一天之中其實有許多零碎時間可以善加運用，比方說：

◎ 你可以在坐車的同時收發電子郵件，思考如何說服客戶購買或者構思DM的標題文案、背英文單字等事情。

◎ 你可以在上廁所時，看報紙或雜誌，也可以多背幾個英文單字。

◎ 你可以在洗澡時思考解決方案。

我曾經好幾次想出好的點子都是在洗澡的時候，例如這本書的架構當初就是在洗澡時靈光乍現的，想當年阿基米德也是在洗澡的時候發現浮力的原理，沒想到多洗澡也有這種好處！

9. 在打電話之前先準備好相關的資料

在打電話之前，要準備好名單，想好要說的話，甚至把說話內容和相關資料放在面前提醒自己以免忘記，以免對方問了什麼問題一時找不到答案而無法當下立即回應，而錯失機會。

如果你要打電話聯絡十個客戶，你可以把這十個客戶名單列出來，然後從第一個開始打，若對方通話中或不在，則在名單上做註記，接著撥打下一通，直到全部聯絡完再回來聯絡未聯絡上的客戶。而不是想到誰就聯絡誰，也沒有做任何註記，完全憑印象做事。

10. 開會前已做好準備以增進會議的效率

每間公司開會的頻率不同，時間不同，通常開會前我們會先知道今天開會的目的，要討論的主題和其他要報告的事項，你可以針對要討論的主題事先想好解決方案，這樣可以促進開會效率，而不是在開會時再來想解決方案，會後記得確實做好會議記錄。

還有一個非常重要的是會議結束前，每項工作交給誰負責一定要確認好，以免事後某項工作沒人做。

11. 將要回覆的電話盡量集中在一起打

也許在不同時間點會有人來電要找你，但你因外出或電話中或開會中導致無法接聽電話，除非特別緊急，否則你可以選擇一天之中的某一個時段，回撥所有的未接電話，以增進工作效率。

12. 電腦檔案定期整理和分類

對於每天需要使用電腦的人來說，電腦桌面很凌亂，或是檔案沒有分類，這些都會導致要找某個檔案時浪費了許多時間，甚至有時還找不到，

所以平常就要養成將檔案確實分類的好習慣，並做好備份。

另外，電子信箱收件匣也要有效分類，一般我們每天都會收到別人寄來的信，寄件者可能是公司同事、客戶或是朋友，若收件匣沒有分類，可能一星期下來累積了上百封，到時後要找就非常費時，甚至找不到，還要請對方重寄，這來來回回浪費太多的時間。當然每人習慣不同，重點是一定要養成將檔案做分類的習慣，當需要時就能快速找到。

13. 提早上班

如果可以的話建議提早半小時或一小時上班，當提早上班時，公司來的人不多，較安靜，沒有任何干擾，試行幾次後你將發現一件可能在上班時間要花兩小時才能完成的事情，你可以在一個不被干擾的情況下花三十分鐘來完成它，所以提早上班，會帶給你提升工作效率的驚艷。

14. 切勿發生不需要你做的工作做得非常好

《與成功有約》作者史帝芬・柯維（Stephen Covey）說：「在開始攀爬成就之前，要先確定它是靠在正確的建築上。」這意思是說，不要發生不需要我做的工作事項做得非常好。所以我們要知道哪些工作是我現在要做好的，千萬不要本末倒置了。

15. 把時間花在對的客戶和最有價值的事情上

為什麼有些業務工作時間長但業績卻不如預期？根據美商惠悅企管顧問公司調查發現，頂尖的A咖業務員在工作時間上並不會比一般業務員來的長，但是，他們時間分配的方法和一般業務員的確不同。**A咖業務員專注於發現客戶需求，結案和銷售有關的活動上，所以A咖業務員懂得把時間花在對的客戶和最有價值的事情上**。因此，請自我審視一下你是否有把時間花

在對的客戶和最有價值的事情上呢？

 16. 做好外出路線規劃

業務常常需要外出拜訪客戶，所以你可以規畫好今天要跑哪一個區域範圍，比方說：我今天拜訪的客戶集中在大安區，就不會安排上午的客戶在大安區，下午一個客戶在新莊，另一個客戶在木柵這樣的行程，不然你一天光花在交通上的時間就佔據你一大半的時間了。所以你可以把相近的地點或是有順路的路線，技巧性地安排在同一天，有助於減少交通往返的時間，進而增加拜訪客戶的量。

 17. 弄清楚你的職位應該產生出什麼結果

你要知道你的主管或老闆要你在工作上產出什麼樣的結果，例如：個人業績要做到多少？團隊業績要達到多少？或是每月的增員人數是多少等。如果你不清楚你的職位要產出什麼結果或是不知主管現在要你完成什麼工作，那麼你可以直接請示主管或老闆，否則你根本無法正確地排列工作事項的優先順序，因為你做的都不是主管或老闆想要的，那只會被認定這個職位不適合你或工作效率不佳等罪名。

 18. 一日之計在於昨夜

相信大家一定都聽過「一日之計在於晨」這句話，但筆者個人認為**一日之計在於昨夜**。在今天下班前，你要把明天要做的工作事項列出來，並排列優先順序，最慢今天晚上就寢前要計畫好明天的工作事項。這樣隔天早上一上班，你馬上就知道今天要做什麼工作，就能立即開始行動，而不是上班時再來想今天要做什麼或做好一項工作再想下一項工作。

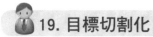
19. 目標切割化

　　你可以把一年的業績目標切割換算成每天要做多少業績，再換算成每天要拜訪多少位客戶和每天要打多少通電話，並想辦法在月中時就把這個月的目標做到，後面半個月就可以為下個月舖路。你可以這樣算：

1. 先了解客戶的平均購買金額
2. 月目標20萬／每個客戶購買金額平均1萬＝當月要成交20位客戶
3. 20位客戶／成交率30%＝當月要拜訪66位客戶
4. 66位客戶／22天＝一天要見3個客戶
5. 3個客戶／電話約訪成交率10%＝每天要打30通電話

　　如果你能這樣施行的話，才不會浪費每天寶貴的時間，反而更有行動力，因為有些行業的業務工作是很自由、很彈性的，基本上沒人會管你，如果主管打給你：「請問你在哪裡？」你回應說：「我在客戶這裡。」（其實是在家裡），要打混過一天，其實是很容易的。但讓自己鬆懈的後果是達不到業績。所以透過目標切割化，將這個月的目標提早完成，將幫助你更容易達成目標。

20. 先做最重要且最困難的工作

　　美國成功策略大師博恩・崔西（Brain Tracy）說：「每天早上你的第一件工作是要活吃一隻青蛙，那麼接下來的一天就沒有什麼事能難倒你。」意思是說你先把最重要且最困難的事情完成了，你就有更大的信心去完成其他工作，工作自然會變得簡單愉快。

　　當你將上述二十個提升工作效率的關鍵，深植於你的思想與行為上，並養成習慣，我相信你的工作效率必定大大的提升。

　　總之，有效率的時間分配，可以讓你清楚知道什麼時候該做什麼，什

麼時候不該做什麼，並透過事先的規劃，做為一種提醒與指引。如果你是主管，**你一定要確定夥伴的價值觀，假如價值觀不明確，就不清楚什麼對你最重要，時間分配一定不好。時間，就像一個魔法師，它能夠帶你通往目標，也能帶你遠離航道，關鍵在於看你如何運用與分配它了。**

在本章節最後，我想送給你一個對你非常有幫助的工具——業務檢測系統。它可以自我檢測每日／每週的工作量和績效。你可以自行設定你的工作項目，此系統會自動算出你每日／每週的總分，還可自動算出打多少通電話約到一個客戶，見多少客戶可提一次企畫書，提多少次企畫書可成交一個客戶，是你檢視個人工作量和目標的好幫手。範本如下：

銷售活動	分數	MON		TUES		WED		THU		FRI		總分
		T	P	T	P	T	P	T	P	T	P	
陌生開發	1	20	20		0		0		0		0	20
取得見面	2	5	10		0		0		0		0	10
遞送企劃書	3	3	9		0		0		0		0	9
議價	4	2	8		0		0		0		0	8
成交簽約	5	1	5		0		0		0		0	5
總分			50		0		0		0		0	52
※我承諾必須達成每日　分或者一週　分											達成率52%	
※T：統計單位，P：分數												

凡寫信到superspeaker@pchome.com.tw，主旨上寫：我要業務檢測系統。並請在mail裡留下您的姓名、手機、公司名稱和這本書對你的幫助。（限前一百名讀者享有）

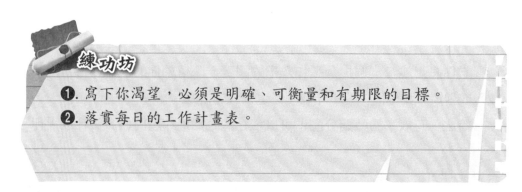

練功坊

❶.寫下你渴望，必須是明確、可衡量和有期限的目標。

❷.落實每日的工作計畫表。

第2章

鴛鴦刀
如何經營好客戶

Nine capabilities
salesmen should possess

鴛鴦刀

源自金庸的小說——《鴛鴦刀》。根據調查研究顯示，成交一名新客戶，你得花比留住舊客戶多六倍的時間。所以任何業務都需要確實做好客戶管理，和客戶保持良好的互動，就像鴛鴦一樣。

請問當你和客戶交換名片後，多久會再次和他連絡呢？

你了解這個客戶的基本資料、興趣、專長、夢想、目前不滿意的地方嗎？

你能持續和客戶保持聯繫，讓他知道你的工作動向嗎？

你曾經因疏於連絡或因客戶的資料流失而喪失成交的機會嗎？

你知道嗎？**其實每個人都是在從事人際關係的行業。**因為事在人為，人是群居動物，選舉要投票，產品需要人來購買，也就是說你我都需要別人的支持。如果你是從事內勤行政工作，你和同事及主管要有好的關係；如果你是從事教學工作，你和學員也要有好的關係；如果你是從事業務工作，你和客戶及同事更要有好的關係，所以每個人都是從事人際關係的行業。我曾經聽過一句話：「一個人的成功，不在於你知道什麼，而是你認識誰。」卡內基說：「一個人的成功，15%是個人的專業技術，85%是人際關係」。卡內基訓練大中華地區負責人黑幼龍說：「人脈，是一個人通往財富、成功的入門票。」104人力銀行調查指出，專業能力與工作表現和「人際關係」是影響上班族升遷的重要三大關鍵。由此可知，人脈的經營，是多麼重要，人脈不只是錢脈，更是命脈，而對業務員而言，經營客戶就是在經營人脈，本章節所說的客戶，包含潛在客戶和舊客戶。

在本章節裡，你將會學到：

● 如何建立客戶資料

● 如何經營客戶

● 如何自我介紹

● 如何讓客戶成為你的信徒

顧客為王，你了解你的客戶嗎？

Nine capabilities **salesmen should possess**

首先請你想一想，當你了解一個人越多，是不是就越能投其所好？當你越了解對方，相對的，你們的距離就越近。你越了解客戶，你便知道客戶需要什麼，不需要什麼，才不會餵魚吃蘋果。所以，我們要將客戶的相關資訊一一建檔。

一般公司都會建立客戶資料庫，而業務自己也要建立客戶資料庫。如果過去你交換後的名片都是用橡皮筋綁在一起，或是用名片盒裝起來都沒有關係，因為從現在此刻開始建立都還來得及，唯有用心建立客戶資料庫的人才能體會這麼做的好處和價值。那麼要如何成為更優秀的客戶管理者呢？你需要對客戶有全面性的了解，也就是說如果你對客戶的基本資料、需求、個性和相關資訊有更深入的了解，銷售會變得更加順利。

至於客戶要如何分類，沒有特別規則，因人而異，如果是我，我會把客戶分成A、B、C級。

A級客戶：大客戶，創造你80％業績的客戶，須花費較多的時間互動。

B級客戶：中、小客戶，創造你20％業績的客戶，須定期保持聯絡。

C級客戶：潛在客戶，目前尚未購買，但未來可能會購買的人，要定期保持聯絡。

我們可以把C級客戶慢慢培養成B級客戶，把B級客戶再慢慢培養成A

級客戶。不要以為B級客戶就永遠只會是B級，然而越大咖的客戶（A級客戶）要越常聯絡，這是很現實的，你要花時間和大客戶持續搏感情，這樣大咖的客戶才會轉介紹更多大咖級的客戶給你。

不知你有沒有收到過美髮店或餐廳等商家傳的簡訊，以美髮業來說，我有時在想，如果他們能把客戶的基本資料，來店消費的次數和內容建立起來，並按消費頻率次數分成A、B、C等級，再依不同等級的客戶做促銷，效果一定會更好。比方說針對A級客戶（經常消費的客戶），你可以定期發簡訊通知該回來剪髮的時間到了，或者轉介紹客戶可享多少折扣之類的促銷訊息，而針對B級客戶（消費兩次以上的客戶），可以不定期發送優惠簡訊，最後針對C級客戶（只消費過一次的客戶），你可以發簡訊通知他到幾月幾號以前，可享免費洗頭一次之類的服務，藉此把流失的客戶再度找回來。

所以落實做好客戶管理可倍增客戶，又可倍增收入，更可把流失的客戶讓他再度回流，如果你沒有這樣做而你的競爭對手做了，那麼你損失的不是只有客戶數量和營收，甚至是你的品牌形象，你說客戶管理是不是刻不容緩的重要呢？

尤其是業務主管更要落實，因為主管的客戶一定比一般業務員還要多，照道理說應該越做越輕鬆，而不是越做越辛苦。如果你還跟一般業務員一樣每天掃街，每天撥打陌生電話，全仰賴新客戶來獲取業績的話，這就表示你的客戶管理有待加強。

世界第一人脈大師哈維‧麥凱（Harvey Mackay）有一個麥凱66客戶檔案，記錄了66種客戶資料，我將此檔案加以改良，分成「個人客戶版」和「企業客戶版」。對於這兩種類型的客戶，以下分別提供一個客戶建檔的範本，這麼做的目的是幫助你比競爭對手越了解你的客戶，相對的你成交的機會就越大，因為了解人，會帶來力量。

【個人客戶版】

☆客戶基本資料☆

1.第一次認識日期：＿＿＿＿＿＿＿＿＿＿＿＿＿＿

2.第一次認識地點：＿＿＿＿＿＿＿＿＿＿＿＿＿＿

3.第一次認識原因：＿＿＿＿＿＿＿＿＿＿＿＿＿＿

4.中文姓名：＿＿＿＿＿＿＿＿＿　英文名字：＿＿＿＿＿＿＿

5.公司名稱：＿＿＿＿＿＿＿＿＿＿＿＿＿＿＿＿＿

6.公司網址：＿＿＿＿＿＿＿＿＿＿＿＿＿＿＿＿＿

7.部門／職稱：＿＿＿＿＿＿＿＿＿＿＿＿＿＿＿＿

8.暱稱：＿＿＿＿＿＿＿＿＿＿＿＿＿＿＿＿＿＿＿

9.公司地址：＿＿＿＿＿＿＿＿＿＿＿＿＿＿＿＿＿

10. 電話（公）＿＿＿＿＿＿＿＿　（宅）＿＿＿＿＿＿＿

11. 公司傳真：＿＿＿＿＿＿＿＿＿＿＿＿＿＿＿＿＿

12. 手機：＿＿＿＿＿＿＿＿＿＿＿＿＿＿＿＿＿＿＿

13. 電子信箱：＿＿＿＿＿＿＿＿＿＿＿＿＿＿＿＿＿

14. MSN：＿＿＿＿＿＿＿＿＿＿＿＿＿＿＿＿＿＿＿

15. BLOG：＿＿＿＿＿＿＿＿＿＿＿＿＿＿＿＿＿＿

16. FACEBOOK：＿＿＿＿＿＿＿＿＿＿＿＿＿＿＿＿

17. 出生年月日：＿＿＿＿＿＿＿＿＿＿＿＿＿＿＿＿

18. 出生地：＿＿＿＿＿＿＿＿＿＿＿＿＿＿＿＿＿＿

19. 身高：＿＿＿＿＿＿＿＿＿　體重：＿＿＿＿＿＿＿

20. 身體五官特徵：＿＿＿＿＿＿＿＿＿＿＿＿＿＿＿

21. 兵役軍種：_____

☆教育背景☆

22. 國小校名／就讀期間：_____

23. 國中校名／就讀期間：_____

24. 高中／專科校名／就讀期間：_____

25. 研究所校名／就讀期間：_____

26. 學校得獎紀錄：_____

27. 曾參與學校社團：_____

28. 擁有證照／參與訓練課程：_____

☆家庭關係☆

29. 婚姻狀況：_____配偶姓名：_____

30. 配偶教育程度：_____

31. 配偶興趣／活動／社團：_____

32. 結婚紀念日：_____

33. 子女姓名／年齡：_____

34. 子女教育背景：_____

35. 子女喜好：_____

☆生活形態☆

36. 健康狀況：_____

37. 是否飲酒：_____

38. 是否吸煙：_____

39. 喜愛食物：_____

40. 喜愛人物：＿＿＿＿＿＿＿＿＿＿＿＿＿＿＿＿＿＿＿

41. 興趣／娛樂：＿＿＿＿＿＿＿＿＿＿＿＿＿＿＿＿＿＿

42. 喜歡的運動：＿＿＿＿＿＿＿＿＿＿＿＿＿＿＿＿＿＿

43. 車子廠牌：＿＿＿＿＿＿＿＿＿＿＿＿＿＿＿＿＿＿＿

☆其他☆

44. 是否有決定權：＿＿＿＿＿＿＿若無，誰可決定＿＿＿＿＿＿

45. 前公司名稱：＿＿＿＿＿＿＿＿＿＿＿＿＿＿＿＿＿＿

46. 前公司受雇時間：＿＿＿＿＿＿＿＿＿＿＿＿＿＿＿＿

47. 前公司受雇部門／職稱：＿＿＿＿＿＿＿＿＿＿＿＿＿

48. 參與的工會／商業團體：＿＿＿＿＿＿＿＿＿＿＿＿＿

49. 客戶長期目標：＿＿＿＿＿＿＿＿＿＿＿＿＿＿＿＿＿

50. 客戶中期目標：＿＿＿＿＿＿＿＿＿＿＿＿＿＿＿＿＿

51. 客戶短期目標：＿＿＿＿＿＿＿＿＿＿＿＿＿＿＿＿＿

52. 客戶的夢想：＿＿＿＿＿＿＿＿＿＿＿＿＿＿＿＿＿＿

53. 政治黨派：＿＿＿＿＿＿＿＿＿＿＿＿＿＿＿＿＿＿＿

54. 宗教信仰：＿＿＿＿＿＿＿＿＿＿＿＿＿＿＿＿＿＿＿

55. 年收入：＿＿＿＿＿＿＿＿＿＿＿＿＿＿＿＿＿＿＿＿

56. 專長領域：＿＿＿＿＿＿＿＿＿＿＿＿＿＿＿＿＿＿＿

57. 最得意的成就：＿＿＿＿＿＿＿＿＿＿＿＿＿＿＿＿＿

58. 會如何形容此客戶：＿＿＿＿＿＿＿＿＿＿＿＿＿＿＿

59. 客戶的抗拒點：＿＿＿＿＿＿＿＿＿＿＿＿＿＿＿＿＿

60. 是否有其他競爭對手：＿＿＿＿＿＿＿＿＿＿＿＿＿＿

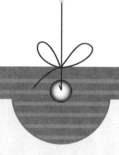

【企業客戶版】

☆客戶基本資料☆

1. 第一次拜訪日期：_____

2. 複訪日期：_____

3. 聯絡窗口中文姓名：_____英文名字：_____

4. 公司名稱：_____

5. 公司網址：_____

6. 部門／職稱：_____

7. 暱稱：_____

8. 公司地址：_____

9. 電話（公）_____　（宅）_____

10. 公司傳真：_____

11. 手機：_____

12. 電子信箱：_____

13. MSN：_____

14. BLOG：_____

15. FACEBOOK：_____

16. 出生年月日：_____

17. 創立時間：_____

18. 員工人數：_____

19. 每年營收：_____

20. 分公司所在地：＿＿＿＿＿＿＿＿＿＿＿＿＿＿＿＿

21. 組織架構：＿＿＿＿＿＿＿＿＿＿＿＿＿＿＿＿＿＿

22. 公司產品：＿＿＿＿＿＿＿＿＿＿＿＿＿＿＿＿＿＿

23. 獲利來源：＿＿＿＿＿＿＿＿＿＿＿＿＿＿＿＿＿＿

24. 未來發展：＿＿＿＿＿＿＿＿＿＿＿＿＿＿＿＿＿＿

25. 預算：＿＿＿＿＿＿＿＿＿＿＿＿＿＿＿＿＿＿＿＿

26. 決定者：＿＿＿＿＿＿＿＿＿＿＿＿＿＿＿＿＿＿＿

27. 公司目前的狀況：＿＿＿＿＿＿＿＿＿＿＿＿＿＿＿

28. 公司的需求：＿＿＿＿＿＿＿＿＿＿＿＿＿＿＿＿＿

29. 客戶的抗拒點：＿＿＿＿＿＿＿＿＿＿＿＿＿＿＿＿

30. 是否有其他競者對手：＿＿＿＿＿＿＿＿＿＿＿＿＿

　　或許你會覺得為何要知道那麼多客戶的資訊呢？有用嗎？世界人脈大師哈維・麥凱告訴我們，我們要盡可能地了解客戶的一切資訊。哈維・麥凱公司的業務員每年平均收入都比同業高出二倍以上，因為他的業務員比其他競爭對手更了解客戶。當然了解客戶需要時間，也因為如此，我們要用心經營客戶，如果你能比競爭對手更能了解客戶，成交就屬於你的了。**因為沒有成交不了的客戶，只有你不夠了解的客戶。**

業務九把刀

經營客戶三部曲

Nine capabilities **salesmen should possess**

過去你和客戶交換過的名片有再聯絡嗎？客戶對你印象深刻嗎？如何讓認識你的客戶成為彼此的貴人？以下提供經營客戶三部曲，協助你讓人脈變錢脈，讓客戶資料庫變金庫。

♪ 第一部曲～簡訊曲

在多年前我個人有個習慣，在初次見面交換名片後，我會回去將名片資料建入我的人脈資料庫，然後在黃金二十四小時內發一通簡訊給對方，簡訊內容如下：

最棒的××你好！很高興參加××活動與你結識，你的笑容令人印象深刻，相逢就是有緣，或許我們會是彼此的貴人，祝平安喜樂！哲安0910******

♪ 第二部曲～電子郵件曲

在二十四小時內發送精心設計的簡訊後，我會在交換名片後四十八小時內再發一封電子郵件，內容大致如下：

最棒的××！很高興參加××活動與你結識，你的笑容令人印象深

刻，請問你的專業領域和你所提供的產品或服務的特色是什麼？未來若有適合的客戶可以介紹給你，或者有什麼合作的機會也說不定。祝平安喜樂！哲安0910******

♪第三部曲～持續關心曲

在四十八小時內發送了精心設計簡訊和電子郵件後，日後可於特別日子如聖誕節或過年等節慶發送簡訊，並且定期或不定期發送電子郵件。內容可以是笑話文章，也可以是關心的問候。總之，讓他的手機和電子信箱定期或不定期看到你的名字，自然而然對你就會產生一種莫名的信任和好感。信任是一切的基礎，有了信任和好感，你說下一步是不是比較容易一點呢？而不是一交換名片後，隔天馬上打給你說：「××您好！我是昨天參加××活動坐在你左邊的後面的那一位，我是××，請問你明天或後天有沒有空？是不是有機會跟你聊一聊！」我一聽就知道要推銷東西給我了，心裡其實不是很愉快的。

有關簡訊和電子郵件的內容可以是自己設計編寫，重點是持續。自從我用了這經營人脈三部曲後，有客戶回信謝謝我，跟我說一定要繼續寄信給他，甚至打電話和傳簡訊感謝我，讓我覺得這一切都是值得的。

還有一種更猛的方法，就是每天傳一封能量簡訊給客戶連續一百零一天，當客戶連續一百零一天天天都收到你每天為他傳不同內容的簡訊時，你說客戶會忘記你嗎？

能量簡訊如下：

最棒的××：慾望以提升熱忱，毅力以磨平高山。哲安

最棒的××：任何事情凡發生必有其目的，並且有助於你。哲安

最棒的××：知道＋做到＝得到，只有行動才能得到。哲安

最棒的××：這世界沒有失敗，只有暫時停止成功。哲安

最棒的××：過去不等於未來，忘記背後，努力向前，奔向標竿。哲安

經營客戶的重點和精髓在於下列三點：

1. **馬上建檔**：交換名片後馬上建檔，因為時間一久會積少成多，到時候你可能會懶得建檔或忘了建檔。

2. **主動示出善意幫助他人**：沒有人會喜歡跟一心只想銷售自己的產品的人交朋友，所以你要找機會主動先幫助對方，這樣對方也可能會幫助你。

3. **持續**：經營客戶是長期抗戰，就好比你要相信一個人絕對不是一下子，而是觀察一段時間後才會發生的事，讓你的名字常常出現在客戶的生活裡，千萬不要做了幾個月覺得沒效就放棄了。所以**持續做，繼續做，不會錯**。

雖然建檔要花時間有一點辛苦，但請相信，這辛苦的代價是值得的。我曾經用一款HP的PDA手機，我把建檔的客戶資料全部傳到我的PDA手機，所以若有客戶打給我，我馬上就知道對方是誰，並在接通時趕快說出對方的名字，對方會很興奮並感受到一股親切感。因為對方還沒出聲你就知道他是誰。當然，這麼做客戶會對你有非常好的印象，有助於日後的銷售，我都是這樣經營客戶的。

在談自我介紹之前，先談談名片的重要，交換的方式與設計。名片是代表著一個人的整體形象，一個人的門面，更是你呈現出的第一個作品，所以名片務必保持乾淨、無折痕、無破損，凡是破損、髒污的名片，都不宜使用，所以你應該準備專用的名片夾，並且在外出拜訪客戶前，確認名片夾內的名片數量是否足夠，甚至你可以在公事包內存放一盒名片，以便隨時可以補充。

由於名片夾的款式與材質多元化，在選取時，最好能以輕薄、便於攜帶、不易變形為優先考量，至於名片夾應放於襯衫左側的口袋裡，或者是西裝外套的內側口袋，以易於拿出來為原則。

當你要遞交名片時，應該將雙手的拇指與食指合攏，捏夾住名片的上方，並將便於閱讀的一面朝向對方，當你收取他人的名片時，如果是隨意接過又隨手收下，無疑是不尊重對方的舉動，正確的作法應是以雙手謹慎地接過名片，並且口頭確認對方的職稱和姓名，假使名片上有不清楚之處，也應即時向對方詢問，同時要瀏覽名片背面，以免遺漏相關的訊息。

雙方交換名片後，你應將對方的名片放在桌上，以便雙方在會議桌上談事情時，能馬上說出對方的姓名，而在言談之中，你不妨盡量提及對方的姓名，這能幫助你快速記住對方的名字。事後應將交換名片的日期，會

面地點等資訊逐一記錄在你的客戶資料庫。

　　此外，你若能把自己的照片印在名片上，或是設計一些特別的圖案或口號，也是一種自我宣傳的好方法，往往這能讓接獲名片的人，對你留下深刻的印象。而我對於名片的設計也是很講究的，我的做法是不讓名片只是一張名片，而是兼具廣告效果的名片，雖然有些公司有制式規定的名片格式，如果不能修改我就會自己重新設計一張，到時候你就有兩張不同的名片在不同場合可以加以靈活運用。

　　在我從事教育訓練課程推廣工作時，所用的名片正面下方我印了一段話：「忘記背後，努力向前，奔向標竿」，具有自我激勵效果，對方還以為我是基督徒，進而拉近彼此的距離；而名片背面（請見下方）除了用一些圖，我還加了一段話：「為什麼有人比你成功10倍100倍，並且可以享受更美好的人生？假如他們沒有比你聰明這麼多？為什麼他們的收入生活比你好這麼多呢？或許你沒有做錯任何事情，但你想不想知道他們到底做對什麼事情？」

有一次在一個演講場合中，我和多位初次見面的朋友交換名片，事後有一位跟我換過名片的朋友打給我，好奇地問我到底那些成功人士做對哪些事情？後來他就變成我的客戶。

　　世界房地產銷售冠軍湯姆・霍普金斯（Tom Hopkins），他平均每天賣出一幢房子，他的名片非常特別，上面會有「謝謝你」三個字，當他跟對方交換名片時，他會說：「謝謝你！這是我的名片，或許現在還用不到，但總有一天你會用的到，所以先向你說聲謝謝你！」

　　我有一位講師兼作家的朋友，他的名片是我看過最特別的，是一張百萬美金，上面有他個人照片和一段話，那段話會吸引我到他的網站，跟他交換名片的人一定印象深刻，因為收到的是一張百萬美金鈔票，而不是一張小卡。所以名片若加了一些廣告元素，便會帶給你更多的機會和業績喔！是不是現在就開始為自己設計一張廣告名片吧！

　　當我們設計好並準備好個人名片後，不論在初次拜訪客戶，或是在社交的場合認識新朋友，甚至在電梯裡的黃金二十秒，都能派上用場，更重要的是如果你能讓對方記得你，對你印象深刻，你就成功一半了。

　　接下來我要跟大家分享如何自我介紹，首先介紹自己姓名是有技巧的，如何讓對方覺得你的姓名好記且有趣，在這裡提供一個很實用的方法，也就是將你的姓名變成一段廣告詞，以下舉一些範例以供參考：

● 認識林哲安，買書很簡單。
● 投資理財找慧音，財務問題不擔心。
● 提升學歷找Peter，碩士學位一定得。
● 電腦維修找小游，價格公道不用愁。
● 健康檢查到美兆，志皇服務一把罩。
● 天靈靈地靈靈，學易經找志明。

- 買屋賣屋找振維，輕鬆成家愛相隨。
- 室內設計找建豪，施工裝潢包到好。
- 我叫芊語，千言萬語，不如一句耶穌愛你。
- 我是Aaron，只要Double A，萬事都ok。

　　所以你可以想想你的姓名要如何用一句話來介紹？

　　再來是自我介紹的部分，很多人自我介紹都是講一些我叫什麼名字，我在哪裡工作，我提供什麼服務，我的興趣是什麼，請大家多多指教之類的，沒錯，這些都可以講。但是這裡我提供一種「銷售型」的自我介紹，無論在社交場合、掃街拜訪、電話行銷，甚至在電梯裡，都能使用這種「二十秒自我介紹成交術」。基本上銷售型的自我介紹包含三大要素：

1. 我是誰？

2. 我（或我的團隊，我的公司）有什麼績效？

3. 認識我對你有什麼好處或價值？

範例一：

1. 你好！我是張三。

2. 我曾經幫助超過一千個業務員提升他們的業績。

3. 你也渴望提升業績嗎？

範例二：

1. 你好！我是李四。

2. 這半年來我們幫助超過五十個人找到他們夢想中的房子。

3. 你也渴望擁有你夢想中的房子嗎？

範例三：

1. **你好！我是王五。**
2. **過去幾年我們公司幫助超過一萬個客戶增加他們的曝光量和營收30%以上。**
3. **你也渴望得到類似的結果嗎？**

範例四：
1. **你好！我是小寶。**
2. **過去我幫助超過二百位朋友增加他們的收入。**
3. **你也渴望增加收入嗎？**

範例五：
1. **你好！我是小美。**
2. **過去一年我幫助超過一百個會員在他們的預算內做好他們的退休計畫。**
3. **你也希望擁有業界最完善的退休計畫嗎？**

以上我分別舉了五種不同行業別的說法，你可以針對你的行業別和產品，用上述的方法設計一套自我介紹的說詞。我常常接到銀行打來推銷的電話，我每次都說：「謝謝！我不需要！」雖然電話行銷成功的機率本來就不高，沒有一種方法能滿足所有的客戶，但是我們能做的就是延長彼此說話的時間，增加雙方互動的機會。

讓客戶不跑走的二十個關鍵

Nine capabilities **salesmen should possess**

有些業務在簽約之前，頻頻探訪，熱情積極，一旦簽約之後，便老死不相往來，形同陌路，不再顧及客戶感受，因為沒有利用價值了嘛！也許有人會說：「光是找新客戶就搞得我喘不過氣來了，哪裡還有餘力費心在老客戶身上。」但是，如果沒有做好客戶管理，你將會面臨極大的挑戰，包含：

● 和競爭對手相比，是否能比競爭對手擁有更多的客戶。

● 不斷失去現有的一些大客戶，中客戶或小客戶，造成業績下滑。

業務工作能結識各行各業的人，不管在做人或做生意方面，都能培養見識，拓展視野，然而熟悉客戶管理技巧能幫助你建立更好的商業關係，進而贏得更多的訂單。所以要與客戶維持良好的關係，就要從平常做起，如果只有在有求於人時才會登門拜訪的話，肯定是不受歡迎的，客戶對你的印象與人格，也會大打折扣。以下特別整理出無論是潛在客戶或已經成為你的客戶的二十個經營關鍵：

一、不要推銷，而是協助客戶解決問題

蘋果電腦的零售門市有一個APPLE經營客戶法。APPLE這五個字母中，A代表Approach（接觸），用個人化的親切態度接觸客戶；P代表Probe

（探詢），禮貌地探詢客戶的需求；第二個P代表Present（介紹），介紹一個解決辦法讓客戶今天帶回家；L代表Listen（傾聽），傾聽客戶的問題並解決；E代表End（結尾），結尾時親切地道別並歡迎再光臨。

蘋果電腦門市銷售人員根據訓練手冊奉行的銷售原則是——不要推銷，而是協助客戶解決問題。你們的工作是了解客戶的所有需求，甚至有些需求連客戶自己都不知道。這就是蘋果電腦不肯說的經營客戶的祕訣。

二、做到讓客戶滿意才是王道

有一天，有一個替人割草打工的男孩打電話給一個太太。

「太太！請問您需要一個割草工嗎？」男孩問。

「不需要！謝謝！」太太回答。

「我可以為您清除整理您花叢中所有的雜草，這方面我做的比別人好。」男孩說。

「但是，我的割草工已經為我做得很好了。」太太說。

那男孩又說：「沒關係，我還可以幫您把走道的四周整理得更好。

太太說：「關於這一點，我的割草工也已經幫我做了，謝謝你我真的不需要新的割草工。」

男孩輕輕掛上電話後，他的妹妹問他：「你不就是這位太太的割草工嗎？為什麼你還要打這通電話呢？」

男孩笑著說：「我只是想知道，我做得到底好不好，我的客戶對我的表現是否滿意，而現在我知道答案了。」

在現在高度競爭的環境中，除了比產品、比價格、比品質、還比服務和感覺，如果你能讓客戶喜歡你、信任你，對你的表現非常滿意，自然而然他就變成你終身的客戶或粉絲，客戶就不會跑到你的競爭對手那裡去了。所以要做到全方位的服務，而不只是做到局部好而已。

三、不強迫推銷

有一家服飾店，走進來一位客人，店員充滿熱情地向前招呼！掛著滿臉笑意地說：「先生！請問要找什麼嗎？」

「喔！我隨便看看！」先生回答。

「好的！如果有需要可以叫我，看到有喜歡的可以試穿，不買也沒有關係。」店員親切地回應。

店員就一直站在客人旁邊讓客人自己看，一句話也沒說。過了五分鐘，客戶說：「請幫我找找看有沒有比這件大一號的尺寸？」客人後來試穿後覺得很滿意就買了。

臨走前，客人主動對店員說：「本來我不打算現在就買，但因為妳那句話『不買也沒有關係』，讓我動心決定現在買。」

開店做生意的店家，每天都會有非常多的潛在客戶進來參觀選購，我常碰到很多店員不是過份熱情，就是在旁邊說了一些會讓你有壓力的話，原本想買的我，後來沒買就離開了，不知有多少店家每天都在損失客戶而不自知，既然有客人走進你的店，就有機會成為你的客戶，所以要營造一種輕鬆愉快的購物環境，才能留住客戶，並轉介紹更多的客戶。因為人都不喜歡被推銷的感覺，但卻喜歡買東西，所以千萬不要讓客人有壓力，有被推銷的感覺，否則你的客戶就會變成競爭對手的客戶。

四、二百五十定律

全世界最會賣汽車的金氏世界紀錄保持人喬‧吉拉德（Joe Girard），有一次去教堂哀悼一位朋友的母親，他問承辦人：「你怎麼知道要印多少張卡片？」承辦人說：「根據過去的經驗，平均前來祭悼的人約二百五十人。」

又有一天，喬‧吉拉德和他太太去參加一場婚禮，喬‧吉拉德打聽

今天有多少人來參加，他得到的資訊是新郎那邊約二百五十人，而新娘那邊也約二百五十人。於是喬·吉拉德歸納出一個定律，每個人背後可延伸二百五十個朋友。在喬·吉拉德的銷售生涯中，他每天都將二百五十定律牢記在心，抱持著客戶至上的態度，時時刻刻控制著自己的情緒，不因客戶的刁難，或是不喜歡對方，或是自己情緒不佳等原因而怠慢客戶。

喬·吉拉德說：「你只要趕走一個客戶，就等於趕走了潛在的二百五十個客戶」。這就是他之所以成功的一個重要原因。

五、給客戶一個難忘的服務

有一次我和朋友去一家餐廳吃飯，前餐有附麵包，那麵包摸起來熱騰騰的，吃起來軟中帶勁，真是我所吃過最好吃的麵包，後來我向服務生再要了二塊，服務生送來時說：「老闆說這麵包本來兩個要四十元，但今天老闆請客所以免費！」或許只是一個謊言，但聽起來真舒服，真開心，覺得老闆人真好，下次還會再來這家餐廳。就因為服務生的一句話，留住了一群客人。

在我從事教育訓練課程推廣工作過程中，我常常定期發電子郵件給我的客戶和潛在客戶，曾經有一個客戶跟我說她最近很低潮，提不起勁，我後來不定期傳簡訊激勵她，例如：「放棄只要一句話，成功卻要不斷地堅持。」還邀請她來聽演講，事後她打給我跟我說她心情好多了！謝謝我的關心與付出，我聽了真的好開心喔！覺得又幫助了一個人！

所以當我們成交了一個客戶，你是否就不管客戶了呢？還是有繼續持續關心你的客戶，把客戶當成你的朋友呢？

六、不要以為換了名片就擁有了人脈

很多業務以為換了很多名片便擁有了很多人脈，其實不完全正確，因

為換名片只是一面之緣，只是社交場合的一種禮貌，所以雙方互換了名片之後，若沒有定期聯絡，是無法促進彼此情誼，讓對方信任你、喜歡你，對你有印象的。而你辛苦換來的名片，最終將變成一堆廢紙。

再運用上一節我分享的經營客戶三部曲，讓認識你的人即使與你沒有生意上的往來，也會對你頗有好感，印象深刻。如果沒有建檔和持續聯絡，等到你日後跟對方聯絡時，對方可能對你印象模糊，甚至會尷尬地問：「請問你是哪位？」

七、不要忽略你的大客戶

IBM能在短短九年的時間內，從絕望的谷底重返事業巔峰，IBM的前董事長葛斯納（Louis V. Gerstner）功不可沒。但葛斯納所做的事情其實很簡單，就是堅持企業的經營原則、公司的願景和清楚的定位，擬定可行的策略。

葛斯納告訴數十萬員工：「多和客戶聊天，傾聽客戶的需求，並且找出令客戶滿意的方案。」

葛斯納以身作則，先在維吉尼亞安排了一個會議，邀請IBM前兩百大客戶出席，目的就是要了解客戶心裡是如何看待IBM這家公司的。當客戶反映IBM主機價格太貴了時，葛斯納馬上決定給予舊客戶三成的折扣，葛斯納將一半的時間都花在經營客戶身上，他親自登門拜訪企業最高主管，討論產業的未來，了解客戶對IBM的期待，而這些是IBM過去從來未做過的事。所以當葛斯納帶著經營團隊大陣仗拜訪大客戶P&G時，他們簡直受寵若驚。

葛斯納要讓大家重新認識IBM，從原本沒有設置行銷部門，後來成立行銷部，用心在對外建立品牌形象與建立溝通管道。使得IBM跟外界的那一堵柏林圍牆就此消失了。

IBM的定位在於：

1. 幫客戶進行軟硬體整合。

2. 企業流程再造。

3. 幫企業建構基礎資訊架構。

如此重新包裝定位以服務為導向後，的確有助於突顯IBM產品與競爭對手的差異化。

唯有不斷持續關心客戶，客戶才會有備受尊重的感覺，無形中也為公司維護了最好的形象。畢竟留住大客戶，避免流失客戶才是企業長期經營之道。

八、讓櫃台人員成為你的情報員

業務的推廣並非完全得靠大樓的櫃台人員或公司櫃台的總機小姐，但是如果你得罪了他們，將會影響你日後的拜訪，因此你應該儘量以溫和的態度來對待他們，讓他們覺得自己也是深受重視的。

至於該如何與那些櫃台先生／小姐打好關係呢？進入公司大門前就笑臉迎人地走向櫃台，然後對櫃台人員輕聲地打聲招呼，立刻拿出名片並說明來意：「我是××公司的業務經理，想來拜訪××先生／小姐，麻煩替我通報你一下。」還有一點必須注意的是，如果你先前已連續拜訪了該公司二、三次，這個動作仍不能省去，仍然必須如此打招呼，千萬不要認為大家都已熟識就不需如此客套，因為如果他對你的態度打了折扣，那麼對你日後的拜訪將會是個障礙，所以你必須時時注意禮節。與他們熟識之後，你就能輕易打聽到一些關於該公司的內幕消息，將有助於你銷售成功。

不過，有時櫃台並不只有一個人，而是由兩人擔任，但你還是必須跟每個人保持好關係，不要對某位女性特別好而令人產生誤解。

總之，業務進入拜訪公司的第一關就是面對櫃台人員，因此，業務一定要和櫃台人員建立良好的關係，打點好他們，就等於拿到成功銷售的入場券。

九、婚喪喜慶是累積人脈的好時機

婚喪喜慶對從事業務工作者而言，是一個很好的機會。特別是結婚典禮，如果你和結婚當事人較熟的話，可經當事人同意將你一整盒名片放在新婚照片處，以便讓更多的人看到。如果你忽略了這個大好機會，你的銷售業績將減少兩成以上。

結婚是人生另一個生活的開始，像家庭醫學百科、幼兒玩具圖書、家電、傢俱、清潔用品、保險等都是非常適合銷售給新郎和新娘的產品。

對於銀行的業務員來說，葬禮是一個好機會，因為葬禮結束後隨即都會牽涉到有關葬禮的資金運用或存放奠儀的情形，或是遺產的分配，喪家都會需要用到銀行的業務，這時，他們不但是你最好的客戶，更是幫助他們解決困難的好幫手，何樂而不為呢！

婚喪喜慶是人生中的大事，每天、每個家庭都有可能發生。不論你所銷售的商品是什麼，都可以好好把握這兩檔活動。不過，在銷售之前，要先蒐集資料，建立人際關係，如此一來，才能銷售成功。

十、讓老人家成為你的得力助手

在台灣，夫妻都上班的比例超過四成，白天只有老人家在家的家庭非常普遍。像這種家庭，業務員通常只留下名片就抽身而退，其實，好好和這些老人家交陪，他們也會是你的強力幫手呢！

有一位銷售保險的楊小姐，經常就從老人家們下手，而且通常都奏效。

楊小姐通常都這樣說：「太太（千萬別稱呼老太太），您知道嗎？對人身安全最佳的保障就是保險。用不到它時你幾乎感覺不到它的存在，但當你真正需要它時，它卻能保您一家子生計不會受影響。」然後直接把產品規畫書拿給她看，用簡單明瞭的方式詳細說明特色與功能。「哎呀！我用不到這個啦，推薦給我媳婦還差不多。」「是呀！可以推薦給您的媳婦。請她考慮替您的兒子投保。通常一家之主往往負起家庭生計的重責，若是發生什麼不測，一家人的生活就會陷入困頓！像您這樣人生經驗豐富的前輩，您不教她，有誰還會去教她呢？」「可是我媳婦根本不聽我的話呀！」「怎麼會呢？您的媳婦若知道您這麼關心她，一定會對您言聽計從的。」

　　由於被楊小姐的熱忱鼓舞，老太太就以前輩的身分熱心地向媳婦推薦，由於婆婆的真心關懷，致使媳婦體會到婆婆的關心，連帶地使婆媳感情增溫不少。

　　有時我們會認為對方不是準客戶而輕忽，不去主動爭取，但老年人擁有年輕人所沒有的人生經歷，如果只是利用他們作為名片的傳達者，實在是太可惜了。

　　另外如果你是一位女性業務員，對老太太最大的攻略祕訣是不要讓她覺得現在的年輕人，都丟下先生孩子不管，自私地做自己想做的事。有一位從事服務業的林小姐是個主張女性自主的職業婦女，但是當她面對的是老婦人時，必定擺出一付可憐樣，並先用以下的話來制敵先機：「家裡有三個小孩，因為經濟不太寬裕，只好出來工作，每個月多賺些錢貼補家用。」或是：「像我這樣人生經歷還不夠，不懂之處，請您務必多多指教。」如此一來，被這樣一吹捧，老人家一高興，必會義務替你的產品大力美言、推薦，甚至還會自掏腰包買下來送人呢！

十一、禮多人不怪

每個人都喜歡被讚美，被感謝，卡內基人際關係第二條原則：給予真誠的讚賞和感謝，所以業務要懂得適時讚美客戶，客戶忙得不可開交，卻仍願意抽出時間跟我見面且聽我說話，要感謝！客戶對產品表示出興趣和喜歡，要感謝！客戶有想購買的念頭，要感謝！客戶把我的提案或建議記在腦海中，再感謝！客戶最後終於決定跟我購買了，無比的感謝！

如果你只想做個普通的業務員的話，這種寄謝函的事，你大可不必理會，但是如果你想在業績上求得更漂亮的數字，打響自己的知名度，或者想在公司求得更高的職位的話，一定要寄感謝函。

業務是被歸類為動口不動手的人，仔細瞧瞧身邊的業務，除了公事上需要的報告之外，有幾個人願意提筆的？陳先生是一位三十二歲房地產業務員，自學校畢業已有八個年頭，一直都在房屋仲介業服務，他每天都要和八至十名的客戶接觸，這些與他接觸過的客戶，他都會寄上一張感謝函。畢竟對這些客戶而言，如果各家公司的商品及價格相距不大的話，貨比三家之後，可能就會以業務員對自己的親切度和感覺來做考量。陳先生在和客戶見面的當天便寫了謝函，內容是寫對客戶能在百忙之中撥空和自己見面，使自己的公司能在房仲業中佔有一席之地，客戶在今後若是有任何購買決定的話，希望自己能幫得上忙。

不僅成交前寄謝函，成交後也寄謝函，陳先生對客戶傳達自己的心意，措辭懇切，因此在客戶眼中樹立了親切有禮的印象，也讓他年收入超過五百萬以上。

十二、服務要做在銷售之前

美國嬌生集團（Johnson & Johnson）是全球知名護理、個人衛生產品和醫療器材的製造商，主要生產嬰兒護理、醫療用品和家庭保健等系列產

品，銷售網遍及一百七十多個國家，而隨著市場競爭激烈，嬌生集團為了穩固客戶關係，致力於提供持續性、雙向交流和增進客戶關係的服務。

基於加強客戶服務的發展目標，嬌生集團架構了一個以嬰兒護理用品為主的網站，企圖透過科技通訊達成直接且立即的客戶服務，同時開拓年輕客戶的市場。在該網站之中，嬌生不僅提供免費的諮詢服務，也提供了最貼近生活的服務內容，例如開放式的育兒資訊，嬰兒保健知識等，此外，嬌生在網站開設了日記式育兒寶典，任何用戶註冊登錄後，就會生成一套格式清晰的記錄冊，還可得到嬌生專為客戶寶寶提供的個性化訊息服務。

另外，由於嬌生提供網站服務時，客戶所輸入的數據資料就會進入網站伺服器，因此當用戶提供基本資料，商品使用需求等資訊後，嬌生能針對個人提供專項服務，對於客戶主動回饋的各項意見或求助，網站的線上服務人員也會給予相應的解答，這些都加速了服務的快速性與便利性，也讓嬌生鞏固既有消費者市場的同時，還能開發新的客戶群。

在現今競爭的時代，售前服務爭取客戶的歡心，否則競爭對手隨時都能搶走你的潛在客戶，而售前服務的品質越高，次數越多，越能獲得客戶的信賴，甚至會介紹其他的客戶。

我的第一份工作是銷售幼教套書，當客戶沒有跟我買時，我的主管教我要寄一些幼教觀念給客戶，這叫售前服務，所以不是等到客戶購買了你的產品才開始服務，而是服務要做在銷售之前。因此現代市場的競爭焦點又多了一項：售前服務。

十三、售後服務不可少

業務的售後服務，有助於下次的銷售。售後服務對一名業務而言，是創造新客戶的不二法門，也是倍增業績的祕訣。

能力越強的業務，越能維持良好的人際關係，也就越能保有較多的客戶。所謂人際關係，並非完全是一般人與人之間的交際，而是指客戶對商品滿意的程度，所形成的關係，這種關係的形成條件，便是在售後服務極為周到的狀態下才能成立。業務員必須重視客戶，滿足客戶，這樣一來，你的客戶便會很樂意再為您介紹另一客戶，形成客戶介紹客戶的良性循環，這也是售後服務的最高價值。

反過來說，一些業績不好的業務，商品一賣出去就什麼都不管，偶爾想到再去拜訪客戶時，也只抱著是否能得到更多業績的想法，這完全是為了自己的利益才去拜訪客戶，客戶感受不到業務員的真誠，自然不滿意。我知道很多業務因擔心客戶會抱怨商品，所以不願做持續的售後服務，但是我們必須了解，售後服務的目的原本就是要進行檢視商品是否會發生使用不便的情形，再針對其原因加以改善。因此，客戶當然會產生各種抗議、批評或不滿的態度，但是如果我們已事先做好心理準備，反倒能輕鬆處理客戶抱怨，至於如何面對及處理客戶的抱怨，請見本書第八章。

根據一份國際權威機構的研究報告顯示，在分析許多跨國企業長期性的客戶調查統計資料後發現：

● 服務不周會失去大約九成四比例的客戶。

● 客戶的問題沒有獲得解決會失去八成九比例的客戶。

● 在不滿意的客戶中，有六成七比例的客戶會採取投訴行動。

● 客戶抱怨或投訴之後，只要問題獲得解決，大約能挽回七成五比例的客戶。

● 客戶抱怨或投訴之後，表達特別重視對方意見，並且採取及時、高效的方式努力解決問題，將會讓九成五比例的客戶願意繼續接受服務。

● 創造一名新客戶所花費的費用，是維持一位老客戶所需花費的六倍。

總之，售前服務讓客戶感動，而售後服務更是不可少，如果售前和售後做得好，將使客戶對你產生強大的信任感，只要你主動要求，客戶會幫你介紹新客戶，相反的，賣出商品後便不聞不問，只是拚命找下一位新客戶，很可能再過幾個月，你就會因為沒有新客戶而陣亡了。

十四、在地深耕

有些業務好不容易爭取到一個客戶後，便覺得心滿意足，哪裡還想得到要繼續加把勁將這地區的客戶變成自己的呢！

林先生是一位銷售鋼琴的業務員，他利用父母「望子成龍，不願孩子輸在起跑點」的心態去進攻，非常容易在高級住宅區攻城掠地，將商品順利售出。但是，為了把這區域變成自己的地盤，首先要做好充分的準備工作，攻下其中一家後便大肆宣傳，敲鑼打鼓，熱熱鬧鬧地將鋼琴搬運過去，如此就能將住宅區附近的潛在客戶猶如地瓜莖蔓牽連般地一一掌握在手中。接下來的重點，是將左右鄰居潛在住戶培育成預定客戶，對第一家的售後服務絕對要做得漂亮和徹底，絕不能讓對方有任何不滿。如果你能讓對方成為你的得力助手，替你介紹極有可能購買的潛在客戶，那就最好不過了，A咖級的房仲業員都偏好經營整個社區，讓整個社區的人無論要買屋、賣屋或租屋，都找他。

所以有野心、有能力的業務員，常會想著如何由一家客戶拓展到更多的客戶。相對地，普通業務員的心態，則是攻一家便是一家，根本不會想到以它為起點，繼續發展下去。

十五、以勤為師

我們必須了解買賣是由商品、利潤與人際關係三個要素組成的。三個要素中前兩項須根據公司政策來決定，所以業務員如欲改變產品內容和利

潤較為困難，也沒有操作空間。因此，業務員大都是在人際關係上一決高下。

想要在人際關係上與競爭對手呈現出差別化，就必須增加拜訪次數，也就是要比競爭對手多出好幾倍。例如房仲業務要開發賣方，其實沒有什麼特別的捷徑，比的就是勤勞，為了要讓屋主願意把房子給你賣，其實都要跑到屋主家好幾次，要讓屋主知道你比其他仲介還用心，比其他仲介還勤勞，比其他仲介更會賣房子。

許多業務員常會抱怨他們所遇到的一些「久攻不下」的客戶。

「那客戶簡直固執透了，不管你如何去拜訪、說服他，幾年下來都不見成效。」

「看到我就說你來幹嘛！我很忙，回去吧！」

「我說過我目前沒有需要，你不要再打來了！」

諸如此類的狀況，你可能聽多、碰多了，似乎就此成為一個不能解決的難題，一旦碰到這種客戶，似乎也只有放棄一途了。事實上真是如此嗎？我想你一定聽過某客戶後來被勤勞的業務員打動的故事，或是在幾十次的會面後，奇蹟似地談成生意等各種例子都有，過程曲折離奇，但原則不外乎是在業務員不屈不撓的精神，不斷向客戶進攻之後，才能開花結果。

十六、適當的稱呼讓你親切無比

與客戶初次見面時，對客戶的稱呼不外乎是：「╳經理」、「╳主任」，或「老闆」、「太太」、「先生」。不過，有時也不能直呼王先生、林先生，尤其當對方是相當注重權威感的主管時，這樣的稱呼會讓對方產生「沒禮貌」的感覺，所以，還是先用折衷的稱呼法，「王經理」、「林主任」，等到和他們的關係較熟時，再拿掉職位，稱呼名字。剛開始

關係不熟時，建議先不要直呼客戶名字，特別是女性客戶。我有一次不小心直呼一位女性客戶的名字，對方說：「請叫我任小姐，不要叫我名字，我們又不熟，這樣很奇怪。」

為什麼要如此講究呢？因為從事業務工作的首要條件，就是搭起雙方的橋樑，否則工作難以順利進行，尤其是初次見面，客戶難免有戒心，為了突破這道防線，最好採用親切的說話方式，即使只是稱呼這樣的小事，也必須用心揣摩。如果客戶的小孩也正好在一旁，應多加問候幾句：「這是您家千金啊？長得真是可愛」或是「小明，你今年幾歲了？」如此一來，可使親切感倍增，拉近彼此的距離。

我發現有些餐廳老闆會說：「老闆！今天要吃什麼？」有些餐廳老闆會說：「帥哥！需要什麼？」當然也有老闆說：「您好！請問要點什麼？」這三種表面上意思是一樣的，但聽起感覺不一樣，你喜歡哪一種呢？

總之，發揮親切感，消除陌生感，適當的稱呼客戶，將有利於銷售。

十七、讓客戶信任你

不知道大家有沒有聽過這樣一個經典的銷售故事。從前有一個業務員，欲前往農場向農場主人推銷公司的收割機。到達農場後，他才知道，前面已經有十幾個業務員向農場主人推銷過收割機，但農場主人都沒有買。

這名業務員來到農場時，無意中看到花園裡有一株雜草，便彎腰下去想把那株雜草拔除，而這個小小的動作恰巧被農場主人看見了。

業務員見到農場主人後，正準備介紹公司的產品時，農場主人卻制止他說：「不用介紹了，你的收割機我買了。」

業務員大感詫異地問：「先生，為什麼您看都沒看就決定購買了

呢？」農場主人答：「第一，你的行為已經告訴我，你是一個誠實、有責任感、心態良好的人，因此值得信賴。第二，我目前也確實需要一台收割機。」

「心態決定一切！」成功有時就是這麼簡單，今天我們是用什麼態度面對自己的工作，別人就會看到什麼樣的你，成功有時只是取決於你的心態罷了，客戶對於商品的印象完全來自業務的談吐和解說，對業務員的第一印象，也會轉變成對商品的印象，因此，每個業務人員都要好好掌握與客戶的任何互動，以及注意本身的言行舉止，而誠實、有責任感和良好的心態，這些都是一個優秀業務的必備素質。上述例子中，業務員的一個小小動作——拔除雜草，換來的卻是成功的交易，相較於其他的業務員，他多的是一顆體貼善意的心，而這份心意充分地讓客戶感受到了，讓他贏得了業績。

十八、讓客戶對你充滿期待

喬‧吉拉德是世界上最會銷售汽車的人，被譽為「世界最偉大的推銷員」。在銷售史上，他獨創了一個巧妙的促成法，使人爭相模仿。

喬‧吉拉德創造的是一種有節奏、有頻率的「放長線釣大魚」的促成法，他認為，所有認識的人都是自己的潛在客戶，對於這些潛在客戶，他每年都會寄出十二封廣告信函，每次都會以不同的顏色和形式投遞。

一月份，他的信函是一幅精美的喜慶氣氛圖案，同時配以幾個祝福的大字，下面是一個簡單的署名：「雪佛蘭汽車，喬‧吉拉德」。此外，沒有多餘的話。

二月份，信函上寫的是：「請享受快樂的情人節！」下面仍是簡短的簽名。

三月份，信中寫的是：「祝你聖巴特萊庫節快樂！」聖巴特萊庫節是

愛爾蘭人的節日，也許客戶中有人是波蘭人或捷克人，但這無關緊要，關鍵是他不忘向客戶表示祝福，然後是四月、五月、六月……。

不要小看這幾封信，以為它們所起的作用並不大，不少人一到節日，就會問：「今天有沒有人來信？」「喬‧吉拉德又寄來一張卡片！」就這樣喬‧吉拉德每年都有十二次機會，使自己的名字在愉悅的氣氛中來到每個家庭。

喬‧吉拉德在信中沒說一句「請你們買我的汽車」，但正是這種「不說之語」，反而給人們留下了最深刻、最美好的印象，等他們準備買汽車的時候，往往第一個想到的人就是喬‧吉拉德。

商業與人情味必須始終保持必要的連結，商業排斥人情味，但又需要人情味，自吹自擂式的銷售，並不是最高明的模式。喬‧吉拉德這種不銷而銷的方式，或許比較無法收到立竿見影的效果，但卻不失為一個經營客戶的好方法。

十九、心急吃不了熱豆腐

好的業務員不僅表現在服務態度上，本身的專業知識更不可缺少，因為，讓客戶滿意的定義，不光只是笑臉迎人，能否解決客戶的問題，才是真正的重點。「耐心」和「笑臉」只是為客戶服務過程中的化妝師，好讓客戶在接受服務的過程中，不會受到壓力和嘲諷，並且得到滿意的解答，又可將服務人員視為專業又親切的顧問。

生意場上，客戶和商家、商家和商家之間難免會因各自的利益而發生爭執、糾紛、誤會，甚至更嚴重的結果。年輕氣盛的人難免衝動，喜歡爭得口頭的勝利，若是自己理虧，吃了虧，就一定會爭強好勝，極力在口頭上和表面上將損失彌補回來，求得心理平衡；若是自己有理，那就更不得了，一定要據理力爭，得理不饒人，得利還要辯三分，不把別人整得心服

業務九把刀

口服是不會罷休的。

銷售過程中你得注意用字遣詞，不指桑罵槐，不話中帶刺，心存偏見，先入為主，最是要不得，最好是三思而後言，心態平和；別人激動，你不妨溫和；對方劈哩啪啦！你最好沉默無聲；別人一言九「頂」，你不妨以一「擋」十，如果只是一個無傷大雅的小錯誤，你先承認了自己有錯，對方的難堪也就隨之解除，火藥味自然就淡化了。

二十、消除疑慮，激發欲望

如果客戶猶豫不決，眼神裡流露出留戀之情時，業務員必須確實找到客戶的疑慮點，不要為了急於促成交易而一味地叫客戶購買，而是要運用一些技巧，讓客戶在不知不覺中消除疑慮，激發其購買欲望，除了有些客戶對某件產品一見鍾情外，不少產品能成功賣出都是在業務正確引導的過程中實現的，以下分享四種激發客戶購買欲望的方法：

1. **倒數計時**：告知客戶優惠活動快要結束了，或這是限量產品等。

2. **給誘惑**：告訴客戶購買產品後能獲得什麼樣的好處，將購買前後的情況向客戶做一個對比，使其在權衡利弊之後做出購買產品的意向。

3. **製造優越感**：客戶在個人優越感得到一定的滿足時，往往更容易接受業務的請求，如此一來，客戶得到了業務的肯定，心情好也會成為他購買產品的原因。

4. **增加對產品的印象**：有時客戶會有「貨比三家」的想法，此時業務可以增加客戶對產品的印象，向客戶明確地介紹售產品的特點和價值，還有為何一定購買我的產品而不要買競爭對手的產品，有利於加深客戶對產品的印象。

但是在這個過程中，業務一定要特別注意客戶的反應，無論是舉止、表情，只要客戶表現出不耐煩和不悅，就應馬上停止。

總之，在面對陌生客戶時，腦中要存有**沒有陌生人，只有還沒有認識的好朋友**的信念；在面對老客戶時，心中要存有**你就是我的信徒，你會瘋狂地幫我轉介紹**的想法。

練功坊

❶.將過去交換過的名片建檔。

❷.設計一張廣告名片。

❸.練習用一句廣告詞來介紹自己。

❹.練習用「銷售型」的自我介紹來介紹自己。

業務九把刀

第3章

小李飛刀
如何增進銷售功力

Nine capabilities
salesmen should possess

小李飛刀

此刀源自於古龍小說——《多情劍客無情劍》，小李飛刀，彈無虛發，如果你擁有頂尖的銷售技巧結合頂尖的銷售心法，你便可以更快速更精準地成交你的客戶。

你知道銷售＝收入嗎？

你知道你每天不是被他人銷售，就是銷售他人嗎？

你知道夥伴之所以賺不到錢，是因為不會銷售嗎？

你知道當你成為銷售高手時，會有多少人渴望加入你的團隊嗎？

你知道東森購物頻道是如何異軍突起，一天創造一億以上的營業額嗎？

你知道管理學大師彼得‧杜拉克（Peter Ferdinand Drucke）曾經說過，領導等於銷售，任何成功都等於是銷售成功嗎？

你知道梵谷和畢卡索的人生，有多大的不同嗎？其中一個不會銷售，最後不幸身亡；另一個會銷售，成為超級鉅富，你認為這個差別有多大呢？

當我領悟到銷售對我一生有多重要之後，我看了坊間許多業務銷售的書籍，參加了許多業務銷售課程，我告訴我自己，我一定要徹底學會銷售，如果你沒有別的一技之長，這一生至少要會一樣本事，那就是「銷售」。

在本章節裡，你將會學到：

- 銷售十大心法
- 十大神奇詞彙
- 銷售十大必殺技
- 倍增業績的十大關鍵
- 如何讓客戶拜託你賣給他
- 客戶十大關心的領域

第1式

客戶甘願買單的十大心法

Nine capabilities **salesmen should possess**

在武俠小說中的武林高手，不僅擁有厲害的招式，更擁有深厚的內功，頂尖的業務也是如此，銷售技巧是我們的招式，而銷售心法是我們的內功。接下來跟大家分享A咖業務員都具備的銷售十大心法：

一、信任是一切的基礎

以下先和大家分享兩個小故事。

日本企業家小池先生出身貧寒，二十歲時在一家機械公司擔任業務員。有一段時間，他推銷機械非常順利，半個月內就達成了二十五位客戶的業績。

可是有一天，他突然發現自己所賣的這種機械，要比別家公司生產的同性能機械貴了一些。

他想：「如果讓客戶知道了，一定會以為我在欺騙他們，甚至可能會對我的信用產生懷疑。」

深感不安的小池立即帶著合約書和訂單，逐家拜訪客戶，如實地向客戶說明情況，並請客戶重新考慮是否還要繼續與自己合作。

這樣的動作，令他的客戶大受感動，不但沒有人取消訂單，反而為他帶來了良好的商業信譽，大家都認為他是一個值得信賴且誠實的業務員。

結果，二十五位客戶中不但無人解約，反而又替小池介紹了更多的新客戶。

日本銷售之神原一平對於消除客戶對業務員的疑慮，化解他們的心防，並取得客戶的信任，有一套獨特的方法。你想知道他是怎麼做的嗎？

「先生，您好！」

「你是誰啊？」

「我是明治保險公司的原一平，今天到貴地，有兩件事專程來請教您這位附近最有名的老闆。」

「附近最有名的老闆？」

「是啊！根據我打聽的結果，大家都說這個問題最好請教您。」

「喔！真不敢當，到底是什麼問題呢？」

「實不相瞞，是如何有效地規避稅收和風險的事。」

「站著說話不方便，請進來說話吧！」

如果初次見面一開口就介紹產品，未免顯得過於唐突，容易讓人對你產生反感，甚至給你吃閉門羹，所以銷售時一定要建立客戶對你的信任感，建立信任感我們可以透過以下六種方法做起。

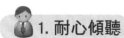 **1. 耐心傾聽**

我看過很多業務都習慣滔滔不絕地講，好像要把自己所知道的通通表現出來，好讓客戶知道，但是若完全沒有讓對方表達意見的話，對方只會越聽越煩，最終會說「謝謝！再聯絡！」下次你就根本沒有機會再跟客戶說話了。

其實剛開始可以問一些客戶感興趣的話題，例如：「請問要做你現在的工作要具備什麼條件？」「請問你為什麼會想從事現在的工作？」「請問要如何做才能做到你現在的職位？」先讓客戶侃侃而談，過程中眼神注

視著客戶，不插話耐心傾聽，不要邊聽邊想等一下我要講什麼，因為每一個人都渴望被了解，都想要表現自己或得意的一面，當你傾聽能力很好時，客戶會覺得你很尊重他，因此產生了信任感。

2. 讚美客戶

讚美是人類溝通的潤滑劑，也是有效運用「移魂大法」的必要技能，因為人都喜歡被肯定，被稱讚。很多時候業務員要處理的不是產品的問題，而是客戶的心情、客戶的情緒，所以A咖級的業務員他們在面對客戶時都會應用「先處理心情，再處理事情；先處理情緒，再講道理」的技巧。據專家研究，一個人如果長時間被他人讚美，其心情就會變得愉悅，心防會鬆懈，所以，想要有好業績，就應該毫不吝嗇地讚美客戶，肯定客戶，以消除客戶的心防，拉近彼此的距離。

3. 客戶見證

如果客戶對產品的品質、功能等存有疑慮，讓客戶親自體驗是最直接有效的方法。例如在銷售化妝品，可以先試擦半邊臉或一隻手，看看有何差別，各種疑慮也就煙消雲散了。但是有些產品是無法試用體驗的，所以可以透過提供和分享過去的成交案例給客戶看，讓客戶知道有那麼多的人使用我的產品，並得到他想要的效果，甚至利用某某知名藝人或某某知名專家學者的推薦，讓客戶明白他可以放心地相信眼前這位業務員。

4. 專業知識

如果客戶問你問題，你卻一問三不知，客戶會以為你是新人，自然而然對你提供的產品會存有懷疑，反之，面對客戶的問題，如果你可以回答得讓客戶非常滿意，客戶會覺得你很專業，值得信任，跟你購買很安心。

我曾去一家知名3C百貨想要購買一台數位相機，當我問店員其中兩台相機的不同之處時，他似乎說不太出來，讓我無法得到我想要的答案，後來我轉而到別家店買了，所以不專業除了無法讓客戶信任外，生意也可能飛了。

5. 模仿

根據NLP（Neuro-Linguistic Programming神經語言學），若我們講話的速度和動作跟客戶一樣的話，容易引發客戶對你的信任與共鳴感，覺得跟你是同一類型的人，一種似曾相識的感覺。基本上我們把人分成三種人：

● 視覺型

視覺型的人說話速度較快，聲音較大聲，因為他們腦筋動得比較快，頭腦不斷地在運作，所以導致說話速度比較快。

● 聽覺型

聽覺型的人說話聲音比較小，他跟你講話時，他的眼睛通常是不看著你的。

● 觸覺型

觸覺型的人說話要思考一下，停頓一下，講的速度很慢，當視覺型和觸覺型的人在說話，一定不會很投機，所以，你要配合客戶說話的速度和語氣，碰到講話快的客戶，我們速度也要變快，若碰到說話聲音小的客戶，我們說話的聲音也要變小。

6. 服裝

通常一個人不了解產品時會看他的包裝判定它的好壞和價值，所以在客戶不了解你之前，基本上也是看你的服裝和整體的感覺來判斷你這個人。

班・費德文（Ben Feldman）是美國保險界的傳奇人物，被譽為「世界上最有創意的推銷員」。他剛進入保險業時，穿著打扮非常不得體，業績其差，公司有意要辭退他。

　　費德文因此非常著急，就向公司裡業績第一名的業務請教。那位第一名業務對他說：「這是因為你的頭髮理得根本不適合銷售這行業，衣服的搭配也極不協調，看上去非常土氣！你一定要記住，要有好的業績，先要把自己打扮成一位優秀業務員的樣子。」

　　「你知道我根本沒錢打扮！」費德文沮喪地說。

　　「但你要明白，外表是會幫你加分，幫你賺錢的。我建議你去找一位專售男士西服的老闆，他會告訴你如何打扮才適宜。你這麼做，既省時又省錢，為什麼不去呢？這樣更容易贏得別人的信任，賺錢也就更容易了。」那位第一名的業務衷心地建議道。

　　費德文於是馬上去了理髮店，要求髮型設計師幫他設計一個超級業務員的髮型，然後又光臨了同事所說的男西服店，請服裝設計師幫他設計一下造型，服裝設計師非常認真地教費德文打領帶，為他他挑選西服，以及選擇相配的襯衫、襪子、領帶等等。他每挑一樣，就解說為何挑選這種顏色、款式的原因，還特別送給費德文一本如何穿著打扮的書。

　　從此，費德文像變了一個人似的，他的穿著打扮有了專業業務員的樣子，使得他在推銷保險時更具自信，而他的業績也因此增加了兩倍以上。

　　我們要為成功而穿，為勝利而打扮，但並不是要花大錢穿名牌，而是客戶也是會看你的服裝來打量你這個人是否值得信任，如果一個保險業務員跟你談一個幾百萬的保單，一身的打扮卻隨便不得體，你會相信他嗎？世界銷售汽車冠軍喬・吉拉德每天起床穿好衣服後，都會站在鏡子前問自己一個問題：「今天有人會買你嗎？」

　　所以你若讓客戶對你有一種可以信賴和放心的感覺，基本上就已成交

業務九把刀

50%了，有時縱使你的銷售技巧很好，產品再棒，但是客戶對你沒有信任感，一切也是枉然的。

🎣 二、銷售不是賣「產品」，而是賣「願景」

產品的實用性、便利性、特色、設計和價格等固然是業務員銷售產品時，應該加以介紹的重點，但真正最具關鍵性的乃是能否引導客戶描繪出使用該產品所能產生的「願景」，讓客戶可以想像到買了這件產品能帶給他什麼樣的好處或利益。我發現若單靠用心介紹產品的特色仍不足以打動客戶的心，如果想要讓客戶點頭答應，還需要讓客戶產生憧憬與美夢。

例如，銷售保險時，讓客戶想像一下，擁有這張保單，二十年後每月可以領到的錢，可以讓你的退休生活無後顧之憂，想像你和全家人一起出遊的情景，臉上的笑容，心境的閒適。所以客戶買的不是一張保單，而是一個不用再為錢煩惱的未來，一個能快樂享受生活的未來。

例如，銷售汽車時，讓客戶想像一下擁有這台車之後，你可以載著你的愛人，那種和情人或全家人一起出遊的溫馨情景，那種愛的表現，這台車就代表你的格調，代表你的身價，代表你事業的成就，朋友或客戶看到時那種信任和崇拜的神眼。所以客戶買的不是一台車，而是擁有這台車之後那種幸福快樂和成就感。

例如，銷售房子時，讓客戶想像擁有這間好房子後，你的生活更便利，夫妻感情更融洽，這個家是你下班後最佳的避風港，甜蜜的堡壘，每天讓你愛上回家的路，重點是要能讓客戶聯想到住進來之後種種的美好。所以客戶買的不是一間房子，而是一種幸福，一個安定。

例如，銷售鋼琴時，讓家長想像孩子在辛苦讀書之餘，能讓鋼琴陪伴孩子，成為孩子最好的朋友，當孩子心情不好或孤單寂寞時，能夠讓音樂進入孩子的心，陪伴孩子走出低潮，使孩子不會有其他不好的習慣和嗜

好。看著孩子的指尖在琴鍵上跳動著，那種深情的表情，對音樂的投入，感動著你我。所以客戶買的不是一台鋼琴，而是一個讓孩子在成長路上最佳的玩伴，一個宣洩的出口，一輩子的情人。

我畢業後的第一個工作是銷售童書（套書），每套最便宜也要19800元，當時不懂銷售「願景」這個道理，所以常常被客戶嫌價格太貴，如果當時我就懂得運用銷售「願景」，我想我業績一定會好三倍以上。因為我可以讓客戶聯想到孩子擁有這套書之後，除了孩子的語言能力、想像力、閱讀能力等大幅提升外，更重要的是正看著孩子成長的感動，伴讀的喜悅，所以客戶買的不是一套書，而是孩子的快樂成長和父母的欣慰和喜悅。

使客戶期盼的「夢」栩栩如生地呈現在客戶的眼前，讓客戶聯想到清晰的畫面，因為「夢」的擴大或縮小，往往成為客人取捨的關鍵。

總之，不管是從事哪個行業的業務，都是一個銷售願景的工作，只要能讓客戶擁抱願景，就是成功銷售產品的不二法門。

三、銷售在於掌握人性

歷史上第一位年銷售業績超過十億美金的保險業務員——喬·甘道夫（Joe M. Gandolfo）說：「銷售98%是要了解人性」。所以你必須培養觀察客戶心理的能力，然後再觀察客戶期待的是什麼？以他所期待的話來回答他，這種能力的培養要靠平時的訓練。

在最初與客戶接觸時，應該先判斷客戶對自己的感覺，一旦察覺對方對自己有警戒心時，先不要急著與對方爭辯，在言談中若無其事地流露自己的誠意，以鬆懈客戶的心防。如果客戶還是有疑慮，不妨先以親切的態度與客戶閒聊，使客戶放鬆心情，在輕鬆的氣氛中切入正題，能使洽談進行得較為順利。當銷售時，發揮自己的觀察力，從客戶的眼神、表情及行

動來判斷他對商品的興趣及心態。如果發現客戶的思緒不集中，或明顯表示不感興趣時，可以停止說明，不要一味地介紹說明，反而要提出能吸引客戶興趣的話題。還要懂得判斷客戶所提出的拒絕理由，到底可信度有多少？

當然每個人的想法和心態不盡相同，但有一些想法是每個人都有的，以下特別整理出客戶潛意識到底在想什麼？如果能掌握到客戶潛意識在想什麼的關鍵點，那麼成交就近在咫尺了。

● 客戶潛意識中最怕什麼？

　　1. 花錢。

　　2. 被騙。

　　3. 買貴了。

　　4. 強迫推銷。

　　5. 買錯產品。

　　6. 買到沒有用的產品。

　　7. 買到不會用的產品。

　　8. 買到沒有價值的產品。

　　9. 買自己不熟悉的產品。

　　10.沒有時間使用產品。

● 客戶潛意識中最喜歡什麼？

　　1. 貪小便宜。

　　2. 物超所值的產品。

　　3. 穩賺不賠的買賣。

　　4. 免費的贈品。

　　5. 買自己熟悉的產品。

　　6. 買到快樂。

7. 付出很少卻得到很多。

8. 有很好的服務。

9. 用得到的產品。

10. 趨吉，避凶。

● 客戶想要知道的五種專業知識

1. 公司知識：你必須要對自家公司的基本資料、成長史、使命和特色有充分了解。

2. 產品知識：你必須要對你銷售的產品或服務有充分完整的認知與了解，並熟記它的各種應用方式。

3. 價格知識：你必須要讓客戶知道為何要把錢投資在你的產品或服務上，是多麼物超所值。

4. 使用知識：你必須要讓客戶知道如何使用你的產品或服務。

5. 競爭知識：你必須要了解競爭對手和你所有的差別。

四、銷售是信心的傳遞，情緒的轉移

有一天，小磊前去某家公司應徵業務員。他提前十五分鐘就來到了他想應徵公司，不料，推門進去後，卻只看到三個男人正翹著二郎腿，斜躺在沙發上吞雲吐霧地閒聊。

「請問這是××公司的面試地點嗎？」小磊很有禮貌地問。

「你搞錯了，這不是××公司的面試地點。」一男子側著身回答。

小磊一愣，回頭看看地址，又走了進來：「對不起，104徵人上面寫的應該是這裡沒錯。」

「哦，現在還沒到面試的時間呢！」另一男子答道。

「那我可以坐在這裡跟你們一起聊天嗎？」小磊問道。

「別等了，應徵的人已經額滿了。」又一男子說。

「可是104徵人上的截止日期是明天，請務必聽聽我的自我介紹。是否可以給我一個機會？」小磊堅持用簡短的話把自己的學歷背景及工作理想說完。

「行！」那三位男子相視一笑。

小磊就這樣透過這三句話就被錄取了，而在他之前，卻有數十名應徵者被這三句話給打發走了。

原來，這三個人講的三句話，考的就是業務員應該具備的自信力，判斷力和鍥而不捨的推銷精神啊！只有通過這項測驗的人，才有勝任此項職務的能力。

婉容是一位保險業務員，今天的行程是拜訪某家知名科技公司，對這樣的企業她心裡有些敬畏，再加上門前貼著「謝絕推銷」的掛牌，更令她不敢貿然進去，她猶豫了很久之後，決定還是進去試一試，但是進去後，運氣不錯！她發現只有一位經理在位子上。

「請問妳找誰？」這位經理的聲音很冷漠。

「是這樣的，我是保險公司的業務員，這是我的名片。」婉容雙手遞上名片，心裡有些緊張。

「賣保險的？今天已經是第三個了，謝謝妳，或許我會考慮，但現在我很忙。」

婉容本來就沒有指望今天能賣出保險，所以毫不猶豫地說聲對不起就離開了。但如果不是她走到門口處，下意識地回頭看一下，或許不會有任何事情發生。

婉容回頭時，忽然看見自己的名片被那個「經理」撕掉，扔進了垃圾筒裡。婉容為此感到非常生氣，於是她轉身回去，對那位經理說：「先生，對不起，如果您不打算考慮買保險的話，請問我可不可以要回我的名片？」

經理聳聳肩問道：「為什麼？」

「沒有特別的原因，上面印有我的名字和公司名稱，我想要回來。」

「對不起，小姐，妳的名片我不小心沾到墨水了，還給妳的話，妳也不能用了。」

「如果真的沾到墨水，也請您還給我好嗎？」婉容看了一眼垃圾筒。

沉默片刻，經理說：「好，這樣吧！請問你們印一張名片的費用是多少？」

「五元。」

「好！好！」他打開抽屜，在裡面找了一下，然後拿出一個十元的硬幣說：「小姐，不好意思，我沒有五元零錢，這算是我賠償妳名片的費用。」

婉容很想奪過那十元硬幣，然後丟在地上，可是她忍住了。

她禮貌地接過十元，然後從名片盒裡再抽出一張名片給這位經理：「先生，對不起，我也沒有五元的零錢可以找給您，這張名片算是我找給您的錢，請您看清楚我的名字和我公司的名稱。這不是一個適合扔進垃圾筒的公司，也不是一個應該扔進垃圾筒的名字。」

說完，婉容頭也不回地轉身走了。

沒想到第二天，婉容竟然接到這名經理的電話，約她在他的公司碰面。婉容幾乎是趾高氣揚地去了，打算再次和他理論一番，但對方告訴婉容的卻是，公司決定為全體員工投保，於是婉容成交了一筆大生意。

在我從事推廣教育訓練課程業務工作時，曾經陌生拜訪一個保險通訊處，當時那個通訊處的處經理告訴我：「之前有很多像你們這樣的公司業務來過了，但我們現在不需要。」

我笑一笑告訴他：「是的！我知道過去有很多人來拜訪過您，但是我和他們絕對不一樣，請給我五分鐘的時間，若五分鐘一到您覺得我所提供

的資訊對你們沒有任何幫助，我會馬上離開。」

　　結果那位處經理竟然願意聽我說，後來我們討論了二十分鐘，處經理最後接受了我的提議。

　　所以做一個業務員一定要對自己和產品充滿自信和熱情，如果連對自己和銷售的產品都沒有信心，那麼客戶怎麼會相信你呢？

五、沒有被客戶拒絕五次以上，銷售根本還沒開始

　　根據國外一項研究統計，拜訪四次以下就放棄的業務人員佔96％，只有4％的業務人員在銷售的時候敢要求客戶五次甚至五次以上，60％的生意是在要求四次以後成交的，換句話說，只有4％那個堅持到底的銷售人員能拿到60％的訂單，而剩下40％的訂單有96％的人在爭取在搶。

　　德華擔任某雜誌廣告業務的第一個月，就替自己列出一份客戶名單，他準備在一個月內爭取到二十位客戶，但是其他業務員都認為這是不可能的事情，有些人還私底下譏笑他不自量力。

　　為了能懷著堅定的信心前去拜訪客戶，德華在拜訪客戶前，都會先將名單裡的客戶名字唸十遍，然後對自己說：「在這個月內，你們會向我購買廣告版面！」二十天過去後，德華爭取到了十九個客戶的合約，這樣的成績讓大家刮目相看，也讓德華更有信心與衝勁，不過到了月底，二十名客戶中卻還有一位老闆遲遲沒有向他購買廣告版面。

　　儘管德華知道這位老闆每回看到他，都會直接跟他說「不要」，但他依舊每天前往拜訪，並且積極說服對方購買，如此經過了三十天後，老闆或許因為連日來的拒絕，對德華不再怒目相向，反而口氣和緩地問：「我已經說了我不會買版面的許多理由，為什麼你還要來浪費時間呢？」

　　德華回答說：「老闆，我不覺得這是浪費時間，雖然每天你都會跟我說不要，不會考慮，可是我卻因此不再害怕客戶的拒絕，而且也學會了如

何幫客戶解決問題。」老闆一聽，笑著告訴德華：「你已經教會我什麼是堅持到底，對我來說，這比金錢更有價值，我就向你買一個廣告版面，就當作是我付給你的學費吧！」

在美國一個賣廚具的公司招聘了一批業務員，公司的業務經理非常討厭其中一個業務員，所以在培訓了五天五夜之後，他決定要整一整這個業務員，他把這個業務員找來說：「我給你一個名單，這個名單是我們全公司最棒的一個客戶，誰去拜訪他，他就會跟那個業務員買東西，所以請你去拜訪他，你會立刻產生業績的。」這個業務員深信不疑，非常感謝經理的幫助。其實經理根本是騙他的，經理給他的名單是全公司最爛的一位客戶，誰拜訪他，他都不買，經理的目的是想故意整這個業務員。在他要離開時經理又把這個業務員給叫回來：「年輕人，你回來，剛剛我跟你講這個客戶一定會買你的產品，但是你要注意，他剛開始會故意拒絕你，他會故意說不買，你們產品品質不好、價格不好、服務不好，我絕對不跟你買……這些話你不要相信，他拒絕你是在考驗你，拒絕得越多等一下他買得越多，你明白嗎？」這個業務員深信不疑，感謝經理的好心提醒。業務員感動地說：「經理您為什麼對我這麼好，我要是沒有聽您這番話，可能就被他給騙了，所以經理您放心，我一定100％成交給你看。」結果這個菜鳥業務員真的去拜訪那個全公司最爛的客戶。

「您好，王老闆，我是××公司的業務，今天特地來跟你介紹我們的廚具。」「你們公司來了太多人了，我都不想聽，你給我出去。」這個業務員心想，果然跟經理講的一模一樣，他開始拒絕我了，千萬不要被他騙，他在考驗我。「王老闆，是這樣的，我知道您想趕我走，但是請您聽完我們公司的產品特色可以嗎？」

「品質不好。」

「您以為的品質不好其實是很好的，讓我再跟您介紹一遍好嗎？」

「服務不好。」

「您以為的服務不好，其實是不對的，可以讓我跟您介紹我們的服務好嗎？」

「價格太貴了。」

「事實上是不貴的，王老闆，聽我解釋好嗎？」

王老闆生氣地說：「你給我滾出去！」

他想，王老闆果然在趕我走了，趕我走的時候是在考驗我、刺激我，經理跟我講過這個王老闆是好顧客，只是在暫時在欺騙我而已，千萬不能被他給騙了。

「王老闆，請您相信我，今天買我的產品一定不會錯的。」

「給我滾出去！」

「您不要再趕我走了，我知道您會買的。」

「你給我滾出去，我不會跟你買的。」

這個業務員心裡還想，太好了，的確跟經理講的一模一樣，拒絕越多等一下買得越多。

「王老闆，您不要再拒絕我了，我相信您會買的。」

「我不會跟你買的，你快走吧！」

「您會買的。」

「我真的不會跟你買的，你快給我滾出去吧！」

這業務員一想真的跟經理講的一模一樣，就更有信心，真是太棒了，太好了，這時候他堅持到最後：「王老闆您會買的對不對？」

「不會。」

「會買的。」

「不會。」

「您明明有需要。」

「不需要。」

「讓我再跟您介紹一遍。」

「你給我走。」

「我很有耐心的。」

「你快走。」

「您怎麼趕我都不會走的。」

「你厚臉皮。」

「不是，我真心要幫助你。」

這王老闆一聽氣得半死，拍著桌子大聲說：「我做生意這麼多年沒見過你這麼厚臉皮的人，你這個人真是腦子有問題，是不是我怎麼趕你，你都不走，今天算我服了你了，就跟你買一套產品。」這個業務員一聽心裡還笑了，哼！你早就會跟我買，還演戲演得這麼像，經理早就跟我講過了，他不好意思揭穿顧客，於是他就跟客戶講說：「好吧！謝謝您的支持，其實我知道您會買的，您剛開始太生氣了，您考驗我也用不著發這麼大的脾氣，您演戲演得實在是太像了。」這客戶氣沖沖地趕快付錢簽單把他打發走。

這個業務員拿著產品的訂單和貨款回去跟經理講：「經理，您看我把訂單拿回來了，謝謝您介紹我這個客戶。經理嚇一跳：「你真的拿到訂單了？」「經理您不是告訴我，他是全公司最棒的客戶嗎？怎麼您不相信我拿到訂單了？」經理頓時啞口無言。

經理是騙了這個業務員沒錯，但是因為業務員他堅定不移的想法，或許他沒有好的銷售技巧，但是他積極的信念投射到他的行為上，而他堅持到底的要求，導致了客戶真的跟他買產品。所以你一定要相信你面前的客戶100％會買你的產品。

我的第一份工作是銷售童書的工作，而且是銷售套書，所以一套最便

宜要15800元，我們鎖定的客戶群是學校的老師，因為老師收入穩定，且教育的觀念比較好，所以我每天都潛入不同的學校，陌生拜訪學校的老師。

有一次我拜訪我的母校——東南技術學院，去找以前教我會計的一位女老師，因為她有一個三歲的女兒，我就向她介紹我們的套書，當介紹完也報完價，你猜猜看老師有沒有買？答案是沒有，因為我不喜歡強迫推銷，所以我就跟老師說聲謝謝，我就離開了。

過了幾天，我帶著不同的樣書再度拜訪，你猜猜看老師有沒有買？答案是沒有，因為我不喜歡強迫推銷，所以我跟老師說聲謝謝，就離開了。

又過了幾天，我又帶著不同的樣書再度拜訪，你猜猜看老師有沒有買？答案還是沒有，因為我不喜歡強迫推銷，所以我就跟老師說聲謝謝，我又離開了。

就這樣我連續拜訪了六次，都沒有成交，當時我始終相信老師會買，所以我決定展開第七次拜訪，這七次拜訪，我總共介紹了五套不同的書，給老師看過十幾本不同的樣書，你猜猜看最後有沒有成交？答案是沒有。

我拿著沈重的包包離開了老師的辦公室，我一個人呆站在走廊，看著空盪的操場，不禁紅了雙眼，我告訴自己，不是我的書不好，只是客戶還不願意購買，剎那間不知哪裡來的勇氣，我又背起沈重的包包，走進老師的辦公室，打算跟老師做最後的搏鬥，你猜猜看最後老師買了沒？答案是買了！我欣喜若狂，終於在第八次的要求下成交了這筆訂單。

我們都知道銷售是從拒絕的那一刻開始，但有些業務員被拒絕一次後便不再追蹤拜訪，甚至連跨出拜訪的那一步都不敢。也許你每天都要跟三個以上客戶見到面講到話，也許你每天要打一百通以上陌生電話，同時必須忍受對方無情的拒絕，甚至是不加掩飾的羞辱，然而一個月下來，你的收入跟業績可能沒有絲毫進展，因此內心萌生退意，但事實上，即使你是銷售高手，還是要面對客戶的拒絕，客戶的拒絕是每個業務員成就業績的

必經歷程，你不必感到沮喪或憤怒，客戶的第一次拒絕絕對不等於永遠的拒絕，透過雙方反覆的有效溝通之後，就能拉近彼此的距離，沒有抵抗就沒有成交，但有什麼理由能讓業務員相信，一位客戶在拒絕了一百零一次之後，真的就會願意購買商品？答案就在那一百零一次的拒絕中，業務員是否發現了客戶真正拒絕的原因。 總之，**沒有不被客戶拒絕的業務員，只有不畏拒絕的銷售冠軍。**

六、不要把自己變成祕密

　　全世界最會賣房子的銷售天王湯姆‧霍普金斯有一個習慣，就是在每付一次帳單時都會附上一張自己的名片，無時無刻都在做著「行銷自己」的工作。

　　有一天，一位女士打電話給他：「先生，你不認識我，但我丈夫和我想換一間大一點的房子，我們想跟你談談這件事。」

　　「您怎麼知道我從事房地產銷售工作的呢？」

　　「我是在處理你付給瓦斯公司的費用時發現的。」

　　她接著說：「在我的辦公桌上，大概有兩打你的名片。起初，我並沒留意。但是，我每次接到你的繳費單時，都可以看到你的名片，我想，不管你的用意是什麼，你都是個用心的人，所以找你應該沒問題。」

　　湯姆‧霍普金斯和這對夫妻經過幾次的討論與實際看屋後，終於買下了一間讓夫妻倆都滿意的房子，湯姆‧霍普金斯也從中賺取了一筆可觀的佣金。

　　全世界最會銷售汽車的超級業務員喬‧吉拉德每次去看球賽時，在過程中一定會隨著球迷大聲歡呼加油，並把一整盒的名片撒向天空，大聲高喊：「Joe Girard！Joe Girard！」讓數百張名片就像雪花般從天而降，也許有人覺得很浪費名片，但喬‧吉拉德說：「只要有一個人跟我買車，這一

切的支出就全都賺回來了！」

　　喬‧吉拉德以前曾經來台灣演講過，當初他已七十八歲了，現場有三千多人，他出場時站在台上，脫下鞋子，拿出放在鞋子裡面的名片往外灑，大家都覺得喬‧吉拉德熱情有活力，全場起立鼓掌。他說：「在座各位，你們想成功嗎？你們想知道我成為世界第一名的祕訣嗎？你們有我的名片嗎？他把西裝打開來，當場灑出至少有一百張名片，這就是我成為世界第一名的祕訣。」全場興奮瘋狂。在演講中，喬‧吉拉德提到每次去餐廳吃飯結帳時，會給服務生兩張名片，為什麼兩張呢？原來一張是給服務生，另一張請服務生給他的朋友，去看病結帳時也會給護士兩張名片，去超市採購結帳時，也都會給服務生兩張名片。喬‧吉拉德總是隨時宣傳自己，銷售自己，讓大家都知道自己在賣汽車，不讓自己成為祕密。

　　在我從事推廣課程業務工作期間，我常利用平日晚上時間去聽演講，除了自我充實外，還可認識許多熱愛學習的朋友，我會和現場的朋友交換名片，讓他們知道我是誰和我所從事的工作，我還會定期發送電子郵件，建立部落格，更改MSN的暱稱，上廣播，上電視等，以便讓更多的人認識我，因為認識我的人越多，對我的工作越有幫助。最誇張的是有一次去一家飲料店買飲料，店員說他對我有印象，好像在電視上看過我。

　　從現在開始，讓更多的人認識你，認同你，喜歡你，你就不用擔心產品會銷售不出去，我們要對自己的工作充滿熱情，充滿信心，絕不放過任何一個銷售自己的機會，讓自己隨時都出現在客戶的生活之中，任何人都可能是你的客戶，平日不經意地遞送自己的名片，隨時掛滿笑容，多打幾次招呼，你的知名度就會慢慢打開，漸漸地就會有越來越多的機會點。

七、成功沒有捷徑，一步一腳印

俗話說：「一勤天下無難事。」可見「勤」是一切成功的基本要素，有人說：「做業務沒有什麼技巧，只要勤勞就好」，充分說明勤勞其實就是促成交易的成功關鍵。

如果客戶能夠給予你「勤奮積極」等正面的認同及評價，相信你已經得到客戶的信任，這也就是銷售商品要先從銷售自己開始的道理所在。一個優秀的業務員必須要擁有「四勤」：

1. 勤能補拙

大發明家愛迪生曾說：「天才是一分天資，加上九十九分的努力。」說明了後天的努力才是成功的重點所在。有些人知識能力不足，學習速度不如別人，專業能力也不夠，自己知道在先天條件上比不上別人，卻很想出人頭地，唯一可以感動客戶的力量就是這個「勤」字訣了，而且不乏成功的例子。

2. 勤於接觸

俗話說：「見面三分情。」人與人之間如果有幾分熟悉，說起話來就親切許多，尤其是中國人比較注重情感的交流，所以客戶的培養必須從勤於接觸開始，找機會和客戶建立友誼，從內心深處真誠地關心他，自然就可以獲得相對應的認同。

3. 勤於管理

這裡指的管理有兩個層面：第一個層面是上級對於部屬的銷售管理。業務主管必須主動關心部屬的業務推展狀況。並適時地提供後勤支援與協助，千萬不可有放牛吃草的心態，以為部屬都是無敵鐵金鋼，遇上任何問

題都能夠從容應付，而不至於因部屬一時受挫，產生消極性懈怠而影響士氣。

第二個層面是業務員對客戶資料的管理。平時必須運用各種表格將客戶資料適當地分類整理，並勤於歸檔、補充、更換新的資訊，掌握客戶最新的現況，以免萬一遺漏，平白損失了好不容易建立起來的商機。

👔 4. 勤於練習

沒有人天生就具備超乎常人的銷售能力，很多超級業務員的銷售技巧都透過學習進修而來的。

在學習之後必須藉由不斷的練習來提升經驗與膽量，使之自然地成為自己銷售習慣的一部分，長久累積，銷售能力就會有如爬樓梯一般，逐步提升，同時也建立起自己紮實的信心。

八、主動出擊

有一個書商看到某出版社積壓在倉庫裡的一大堆書，出版社正苦於找不到銷路，書商翻了翻書，覺得書的內容很好，於是便對出版社承諾，自己可以幫忙把書賣出去，出版社一口答應說：「如果書能賣出去，我只取回書的成本，其餘的利潤都歸你所有。」

於是書商寄一本書給總統，並要求總統寫一句書評。

總統隨便寫了一句：「這本書值得一讀！」

書商如獲至寶，將此書印上：「總統認為值得一讀的書」的宣傳標語。很快地，書就銷售一空。

不久，書商又寄了兩本好看卻不好賣的書給總統。總統有了上一次的經驗，隨便拿起一本寫下「最沒有價值的書」，另一本卻沒有寫下任何評語，以此奚落這名書商。

可是書商卻絲毫不以為意，而且不久，書商很快地又大賺了一筆錢。

總統好奇地派人去打聽，原來這兩本書在出售時分別印著「總統認為最沒有價值的書」和「總統難以下評語的書」來進行宣傳的！

坐不如起而行，凡是主動出擊，便有更多的機會和商機。

小琦是一名保險業務員，剛好在電梯遇到一個看起來很像老闆級的陌生人，小琦馬上遞上一張名片給對方，並請惠賜一張名片，小琦還來不及仔細看對方的名片，對方就出了電梯了。

小琦回到辦公室坐下來一看手上的名片，發現對方是這棟樓一家公司的總經理，小琦事後打電話給這位總經理，但卻被秘書擋下，寄Email也無聲無息，小琦不放棄，在多方打聽之下發現這位總經理平常上班時間都在那個區間，於是小琦也特意選在那個時間上班，以期待能夠再次巧遇那位總經理。

結果在第三天終於遇到那位總經理了，這次小琦很有禮貌地向總經理打聲招呼，並請求總經理能給她十分鐘的時間，沒想到總經理請她明天下午五點去拜訪他公司。事後小琦順利拜見了那位總經理，相談甚歡，並成交了一筆大保單。

如果當時小琦沒帶名片，沒有主動出擊，沒有持續跟進，我想那份大保單就不屬於她的了。

台灣科技代工業搶國外訂單戰火熾烈，有一次，一家電腦代工工廠協理親自帶隊，在桃園中正機場等待前來國內採購的大客戶下機，準備第一時間把國外客戶接回台北和老闆碰面，心想：「這樣迎接客戶應該算高規格了吧！」

但是沒想到在出關大廳，赫然看見廣達董事長林百里親自率領高階主管，也在等候客戶，這位協理心中感嘆：「沒想到一開始就位居下風。」但是他還是硬著頭皮，和林百里一起等待客戶，盤算著至少還可以跟客戶

打個招呼。

　　沒多久，飛機降落了，所有業務人員往接機口一擁而上，準備迎接剛出關的客人。只見握有下訂單大權的國外大客戶有說有笑地出關，身邊跟他一起同行的，竟然是鴻海集團總裁郭台銘，所有人都愣在那裡，原來郭台銘早就掌握採購的行蹤，並在客戶轉機時，刻意和他搭上同一班飛機，在飛行當中，就早所有人一步，敲定了生意。

　　很多業務主管都不喜歡業務同仁待在辦公室太久，因為待在辦公室不會有業績，要走出去才有可能創造業績，也有些人主張吃飯不要和同事一起吃，因為同事不會跟你買產品。所以，無論如何，**凡事主動出擊，主動交換名片，主動認識客戶，主動採取行動，就是上上策**。

♪九、積極而不心急

　　喬‧吉拉德在他還是雪佛蘭汽車的業務員時，一天，一位五十歲左右的中年婦女來到店裡，她的穿著打扮很普通。一進門，就直接告訴喬‧吉拉德，她只是隨意逛逛而已，因為她已看上了對面那家車行的一輛白色福特，但業務員臨時有事需處理，讓她一個小時後再過去。

　　喬‧吉拉德聽完後，並沒有轉身走開，而是微笑地向她問好。這位女士接著說，那輛車是她買來送給自己的生日禮物，因為今天剛剛好是她五十五歲的生日。

　　「真是太棒了，生日快樂！夫人！」喬‧吉拉德一邊說，一邊招呼她四處看看，接著，他轉身向另一位小姐交代了一些事情後，又再次走到這位女士身旁來。

　　正當喬‧吉拉德與這位女士聊天的時候，剛才那位小姐捧著一束花進來了，並遞到女士的面前，「這位夫人，祝您健康長壽，生日快樂！」

　　這位太太幾乎激動得滿臉驚奇。她說：「已經好久沒有人送我生日禮

物了，真的太意外了！我本來以為那輛白色的福特是我最好的生日禮物，但現在，我覺得這輛白色的雪佛蘭更適合我。」

最後，這位女士跟喬‧吉拉德買了白色的雪佛蘭轎車。

一般來說，房仲業務更需要擁有積極而不心急的心態，因為有時買方出價剛好跟屋主底價差不多，當下心裡暗自叫好著，但又不能表露出來，還要裝做一副很勉強的表情，希望買方再加價。後來買方加了一點，但回報屋主時又不能把買方加價說得太快，要說一段故事讓屋主知道你是如何使買方加價的，就是要保持積極而不心急的心態，否則一不小心，買方可能覺得買貴了，屋主也會覺得自己賣得太便宜了。

十、幫助客戶得到幫助

小梁是一位從事服飾銷售的業務專員，有一次接到李經理的西裝訂單後，遇到了缺料的問題。公司已經把倉庫的灰色和藍色的布料用完，倉儲部門雖然緊急訂購灰色布料，但小梁還是無法如期交出李經理的灰色西裝，必須延後交期才能交貨。小梁準備把無法如期交貨的壞消息通知李經理。

小梁：「李經理，很抱歉，你所訂的灰色西裝恐怕要延後三週才能交貨。因為公司的灰色布料消耗得很快，庫存的布料早已用光，公司正緊急訂購灰色的布料。」

李經理：「沒關係，小梁，謝謝你打來電話。」

小梁：「還有，藍色布料也被用光了，你所訂的另一套藍色西裝恐怕也要延遲交貨了。李經理，真對不起！你訂做的兩款西裝，都因布料短缺而不能如期交貨。這種情況是之前從未發生過的。」

李經理：「沒有關係，沒有關係。你只要屆時把訂做好的藍色西裝和灰色西裝交給我就行了。」

小梁：「李經理，我還有一個壞消息和一個好消息，你想先聽壞消息還是好消息？」

李經理：「壞消息！」

小梁：「壞消息是藍色布料的短缺恐怕長達六個月；而好消息是有一種替代品能替代目前正短缺的藍色布料，這種替代品無論在材料、顏色、品質方面都和短缺的藍色布料一樣，只是在布料的織法上有些微的不同，不過，這種不同是很難看出來的，以替代品做成的西裝是每套22800元。」

李經理：「那不是比原來的價格貴了2900元嗎？你還說是好消息？」

小梁：「我已經幫你跟公司爭取過了，公司方面願意以原來的價格19900元賣給你，如果你同意，我明天就會把樣品布料帶來給你看，由你做最後的決定。」

李經理：「那太好了，謝謝你，小梁。」

就這樣小梁把不能如期交貨的問題做了圓滿的解決。在解決問題當中，小梁表現了誠實和負責的處事態度，並盡量幫客戶減少損失。這是一次成功的交易。

美華是一位人壽保險公司的業務經理。有一次她推銷保險給一位大學教授的兒子，剛開始推銷時，女主人似乎無動於衷，不管美華如何說明，仍無法打動她的心，後來話題聊到孩子時，母親抱怨著說：「這個孩子一點都不像他爸爸，倒像我一樣頭腦不太好，我真擔心，將來他怎麼像他爸爸一樣成為一名學者呢？」

美華吃驚地說：「你們怎麼擅自決定他的未來，而沒有考慮到他的興趣，當然無法激發出他的潛能，也許你們夫妻倆都希望他像爸爸一樣成為教授，但妳有沒有想過，如果不是受到周圍環境的壓迫，也許孩子會考上醫學系也說不一定。如果考上醫學系，加上每學期的生活費、住宿費等等，是一筆龐大的開銷，想想，如果他畢業後自己出來開業，那時又需要

一筆創業的資金。」

就這樣一語驚醒夢中人，美華順勢把這位母親對孩子的期望拓寬了，於是這位媽媽滿懷期望地準備資金，並且鼓勵孩子當醫師。三年後，她的孩子考上了陽明醫學院的牙醫系。

美華就是針對母親望子成龍的心理，不斷向她推進，誘導出她的期望並且鼓勵她，這才是銷售的最高境界，美華不但實現了這位母親的夢，更是親自參與了這個夢的實現，她不但把保險銷售給客戶，更把幸福與喜悅帶給了客戶。

還有一個例子是，某位汽車銷售員，眼看試用期一個月的期限即將到來，但目前一輛車都還沒有銷售出去，到了第二十九天，還是一無所獲，最後到了第三十天晚上九點，老闆請他把汽車鑰匙交出來，並請他明天不用來上班了，但這名汽車銷售員說：「還沒有到晚上十二點，我還有機會。」老闆想了一下覺得沒差，就再給他機會。

到了午夜時分，突然聽到有人進門的聲響，原來是一個賣鍋子的人，身上掛滿了鍋子，並全身發抖。這名汽車銷售員看他比自己還落魄，便請他進來坐坐，並給他一杯熱騰騰的咖啡。這下子可精彩了，一個賣車的，碰到一個賣鍋子的，不知道誰會銷售成功。

汽車銷售員問：「如果我跟你買鍋子，你下一步會怎麼做？」

賣鍋子的說：「再繼續趕路賣下一個。」

汽車銷售員又問：「那如果身上的鍋子全部賣完了呢？」

賣鍋子的說：「那我要趕回家，背上八十個鍋子繼續賣。」

汽車銷售員再問：「如果你想越賣越多，越賣越遠，你會怎麼做？」

賣鍋子的說：「那可能要買一部車子，但目前買不起。」

二個人越聊越起勁。天亮時，賣鍋子的訂了一部車。因為有了這張訂單，汽車銷售員被老闆留了下來。

汽車銷售員一邊賣車，一邊幫賣鍋子的找尋市場，賣鍋子的生意越做越大，越做越好。三個月之後，賣鍋子的把新買的車子開走了。

成交的動力在於真誠地幫助客戶解決問題，使客戶獲得最大利益。如果業務為了成交只顧自己的利益，客戶從你眼中只會看到二個金錢符號，**若能站在客戶的立場，用同理心去和客戶溝通，要向客戶證明，你的產品是他想要的，幫助客戶得到他們想要的結果，幫助客戶做出他們最好的決定，解決他們的煩惱。**讓客戶對你的服務感到驚喜，這才是業務員應有的態度。

第2式
成交訂單的十大神奇詞彙
Nine capabilities **salesmen should possess**

3

在銷售過程中有時我們的用字遣詞，會深深影響著客戶內心的變化，所以我們可以改變一些用詞，它可以輕鬆地觸發客戶潛意識裡的「購買指令」，從而讓消費者不知不覺地產生購買欲望，甚至瘋狂地購買，讓銷售更為順利。

1. 將「購買」改成「擁有」

「蔡小姐！當妳買了這本書之後，落實書中所教的，妳的業績會像直升機般慢慢上升，這是妳要的結果嗎？」

你可以這樣換個說法：

「蔡小姐！當妳**擁有**這本書之後，落實書中所教的，妳的業績會像直升機般慢慢上升，這是妳要的結果嗎？」

說明：「買」和「購買」基本上都給人要花錢的感覺，花錢在心理上會造成某程度上的負擔，當你換成「**擁有**」，效果就不同，因為每個人都想擁有，兩者意思相同，但投射在心裡的感覺卻是完全不同。

2. 將「頭期款」改成「頭期投資金額」

「陳媽媽！妳只要付頭期款5000元，之後每個月只要付2500元，妳的

小孩就可以看這套書了。」

你可以這樣換個說法：

「陳媽媽！妳第一次只要投資5000元，之後每個月只要投資2500元，妳的小孩就可以擁有這套書了。」

「王老闆！你只要每月付10萬元，連續付六年，之後我們公司會還你80萬元！」

你可以這樣換個說法：

「王老闆！你只要每月**投資**10萬元，連續六年，之後我們公司會還你80萬元！」

說明：無論頭期款還是每月付款金額，聽起來都是要花錢，但是當你換成「投資」，感覺就不同，因為投資在心理上是一種投入會有回報的感覺，就像買書是投資知識在自己的大腦，讓小孩補習或學才藝也是一種投資。

3. 將「合約書」改成「書面文件」

「張先生！這份合約書請您過目一下。」

你可以這樣換個說法：

「張先生！讓我們把彼此的感覺寫下來，當作我們彼此的協議，這份**書面文件**請您過目一下。」

說明：「合約書」聽起來較正式、嚴肅，感覺有很多法規條款的感覺，而「書面文件」感覺上是比較一般性的資料，客戶心理自然就不會產生較多的排斥與抗拒感而不簽名或多重考慮再說。

4. 將「推銷」改成「參與」或「拜訪」

「游總經理！謝謝您給我這次推銷的機會，我們有很多客戶都買了這

個計畫。」

你可以這樣換個說法：

「游總經理！謝謝您給我這次**拜訪**的機會，我們有很多客戶都擁有這個計畫。」

說明：一般來說人都不喜歡被推銷，有一種被強迫不舒服的感覺，當你換成「參與」或「拜訪」，聽起來會比較沒有侵入性和負面的的感覺，自然而然心理就不會產生抗拒和排斥。

5. 將「生意」改成「機會」

「王董事長！這是一個千載難逢的生意，我相信你一定不會想錯過是嗎？」

你可以這樣換個說法：

「王董事長！這是一個千載難逢的絕佳**機會**，我相信你一定不會想錯過是嗎？」

說明：「生意」聽起的感覺也是要花錢，但不知可否確定會賺錢，所以當你換成「機會」，就不一樣了，因為每個人都想要把握難得的機會。

6. 將「簽名」改成「同意」或「授權」或「確認一下」

「楊小姐！如果沒有其他問題，請您在這裡簽個名。」

你可以這樣換個說法：

「楊小姐！如果沒有其他問題，我需要您的**同意**或**授權**讓我們接下來可以為您服務，請您在這裡**確認一下**。」

說明：我們小時候可能被父母教育不要隨便「簽名」，以免上當受騙，當你換成「同意」、「授權」或「確認一下」，感覺上是客戶在主導決定，而不是你在逼客戶簽名決定。

7. 將「佣金」或「獎金」改成「服務費」

「賴先生！當你買下這間房子，我們只賺你2%的佣金。」

你可以這樣換個說法：

「賴先生！當你**擁有**這間房子，我們只收你2%的**服務費**。」

說明：「佣金」或「獎金」會讓客戶覺得你在賺他們錢，客戶不喜歡你賺他們太多錢，所以當你換成「服務費」，客戶會覺得你有幫他做些事情，給一些服務費是應該的。

8. 將「如果」改成「當」

「鄭小姐！如果妳今天加入會員，除了入會費免費外，再贈送你限量保濕面膜，對妳而言並沒有任何的損失。」

你可以這樣換個說法：

「鄭小姐！**當**妳今天加入會員，除了不用入會費外，再贈送你限量保濕面膜，對妳而言沒有任何的損失。」

說明：「如果」給人一種還沒正式開始的感覺，當你用「當」這個字眼時，就感覺事情正在發生或已經發生了，而不是還沒發生。

9. 將「消費者」改成「服務的人」

「洪小姐！用過這產品的消費者，都非常喜歡而且還會幫我轉介紹。」

你可以這樣換個說法：

「洪小姐！我所**服務過的**人，都非常喜歡這產品且幫我轉介紹。」

說明：「消費者」感覺上就是有消費有花錢，而「服務的人」感覺上是你有為客戶做些什麼，有幫助過什麼，客戶寧願被你服務，也不要被你消費，所以兩者感覺是不同的。

以上十種神奇詞彙，當你熟練運用，客戶便會不知不覺被你引導，順利得到你想要的結果。

第3式

業務必學十大成交必殺技

Nine capabilities **salesmen should possess** 3

接下來我將把過去我所學的成交方法加上實戰經驗，特別整理出最有效、最精華的十大成交必殺技。若加以熟練靈活運用，業績想不好也難。

一、將花費減少到極小程度成交法

當我們銷售一樣高價產品時，這個成交技巧很有效，就是將產品總金額除以使用時間，換算到每天只要投資多少錢，當客戶發現每天只要花費極少的錢就可購買你的產品，自然就不會覺得你的產品貴了。

範例：

林經理！這課程的費用非常便宜，最重要的是所學的技巧可以用一輩子，若我們以10年來計算，課程費用6萬／10年＝6仟元（每年），平均每天只要6仟／365天＝16元，每天投資16元你就可以參與這堂對你一生極有幫助的課程。林經理！每天16元會不會造成你很大的負擔？我想以林經理的財力和成就，這樣的投資一點都難不倒你，不是嗎？

二、假設成交法

你一定要假設客戶會購買你的產品，只是買多買少，什麼時候買。千

萬不要問一個自殺式問句：「請問你要不要買？」

有個故事是說，一位律師接到一個離婚的案子。這個case的先生很喜歡在外面偷情，每一次偷情，這位先生都死不承認。這位太太就非常受不了想要離婚，她就找這個律師說她要離婚，律師跟她說，要離婚必須要有證據，不能說離就離。

太太說：「律師先生，我先生很賴皮，他每一次都不承認。」

律師說：「那我們就出庭打官司好了。」

在法庭上，法官對原告的律師說：「你現在可以問被告人了。」

律師就問這位先生：「先生！請問你在外面有多久沒有偷情了？」

先生回答：「我很久沒有在外面偷情了。」

律師跟法官說我問完了，沒有問題了。

不知你有沒有看的出來這個故事要表達的，如果律師問：「這位先生，請問你有沒有在外面偷情？」那位先生肯定回答：「沒有。」

所以你一定要先假設客戶會買，而不是一直想著客戶不會買。當假設成交時，我們可以再利用二擇一法讓客戶決定，例如：你要XL的還是L的？你要黑色的還是紅色的？你要一個還是兩個？你要這星期送還是下星期送？你要付現還是刷卡？你要一次付清還是分期？我曾經在成交時問客戶：「吳經理！請問是要用您的筆還是我的筆？」最後吳經理用他自己的筆簽上他的名字！成交！

透過電話行銷邀約客戶時，你可以這麼說：「××先生／小姐，我有一個朋友告訴我，您目前所碰到的問題以及想要結果，透過我的專業和服務可以獲得解決，如果先寄資料，當看完後，再決定是否需要我來為您進一步說明，這樣事前的服務我願意幫忙，不過，我知道您現在可能不需要，如果你需要的話，您是希望先和我見面，還是先寄資料給您呢？

此成交法巧妙之處在於給客戶留有餘地，也為自己爭取了最大的空

間，因為客戶已經被你的問題牽著鼻子走了，唯有這樣，才能於無聲無息中獲勝。

三、請示上層成交法

某公司的業務經理志明沒有完成上一季的銷售任務，如果在這一季還未能完成的話，他就會被公司降級。於是，在與客戶王總的談判中，他顯得有些心急。

志明：「王總，這樣吧，我之前給貴公司的報價再給您減10％怎麼樣？」

王總：「我們再考慮考慮吧，你們的價格還是太高。」

志明：「那好吧，再降5％，這是我們的最低價了！」

王總：「嗯，我們內部開會再研究一下。」

一週後，志明又來到客戶那裡。

王總：「志明，我們決定購買貴公司的產品，但價格還要降5％。」

志明：「這……王總，其實，我上次給您報的已經是底價了。」

王總：「志明，你知道嗎？你的競爭對手比你多降了5％，你看著辦吧！」

志明：「……」

志明為了促成交易而急於求成，一下子就將價格降到了底線，一旦失去了降價的空間，反而使自己處於被挨打、被動的處境。精明的客戶往往不會認為業務員會將價格一次讓到底，他們總是試圖讓你不斷讓步，測試你的底線，如果處理不好，就會讓前面付出的所有努力付諸東流。

以上述例子來說，其實志明當初減10％後就應該繼續堅持這個價格，並強調說明此報價物超所值。當然有些老闆也不是省油的燈，不會輕易退讓，一週後若王總再要求降5％，你可以這樣回應——

志明：「王總！說真的，這已經是我給您最低且最優惠的價格！只有您才有這個價格！」

王總：「可是你的競爭對手比你多降了5％。」

志明：「王總！我們提供給您的解決方案和他們不一樣，不一樣的東西怎麼能比呢？況且這價格若是××公司來報價，價格絕對比我報的還高許多，您知道嗎？」

王總：「志明！沒關係，若你那麼堅持不降的話，那我們再考慮看看！」

志明：「王總！我知道您非常喜歡且認同我們公司和我們所提出的解決方案，若我現在馬上打電話請示我的主管，若同意再降5％，請問王總！您今天就可以簽約嗎？」

王總：「可以。」

這時候你就假裝打電話給你的主管，表演一段自導自演的戲碼，最後跟王總說：「王總！恭禧您！請問您要付現；還是開支票？」

四、預先框視成交法

預先框視的意思是把對方預先設定成自己想要的樣子，在事情還沒發生時就先預告事實。這個技巧的目的在於解決客戶的反對問題，你要在客戶提出反對問題之前就先將這些問題加以解決，也就是說客戶之後就不會再提出這些反對問題，因為先前就已被你解決了。

範例一：

鄭老闆！我今天來不是要賣任何東西給您，我只是希望您能了解為什麼我們有超過一千個客戶他們願意擁有我的產品，以及這些產品所能給你帶來的利益和好處，十分鐘以後我相信您一定會非常認同我們的產品，同時您可以自行判斷這產品能帶給您的好處有哪些。

範例二：

林先生！昨天晚上我們同事剛接到一間很符合你需求的房子，我今天一大早馬上就第一個打給你，想跟你約今天晚上的時間，當你今晚來看的時候，你一定會很喜歡這間房子的格局和所在位置，更棒的是這房子的價位完全符合你的預算，你一定會非常滿意，不知道你今晚七點比較有空還是八點？

範例三：

小姐您好！妳現在看的這件大衣非常漂亮，我相信妳一看到它，就會有一種想擁有它的渴望，妳可以試穿一下，我想妳一穿上它，就會捨不得脫掉。

五、重新框視成交法

同一幅畫，用不同的畫框，看起來感覺和價值就會不一樣，一幅畫就好比一件事情，你今天換一個畫框，就等於對這件事情用不同的角度看待，因為任何一件事情，用不同的角度，就有不同的詮釋。所以重新框視的意思是把現有的情況賦予新的意義，或將原本的缺點，轉化成優點。將這個技巧運用在銷售上，實在太好用了！

例①：客戶說太貴了！如果運用重新框視法，也等於是說產品好，也可以是說便宜沒好貨，好的產品本來就不便宜。

例②：客戶說不需要！也等於客戶不太了解產品。

例③：客戶說我沒時間！等於客戶很忙，也等於可以用更有效的方法來提升工作效率。這時業務員可以回答：「就是因為你沒時間，所以我今天才打電話給你，因為我提供的產品或服務可以提升你的工作效率，讓你有更多的時間去做你想要做的事情，因為你這麼忙，你更應該趕快來參與，讓你有更多的時間，這對你來說比較好不是嗎？」

例④：客戶說我不想每個月都要買產品！業務員可以這樣回應：「就是因為這樣，才能將你每月的購物預算控制在一定的金額，才不會發生某個月買太多超出預算的情況。所以每個月都買一定的金額對你來說是比較好的不是嗎？」

例⑤：客戶說我沒錢！你可以回答：「就是因為你沒錢才要趕快來學習這課程，請問你從事業務多久了？你對你的收入100%滿意嗎？我想可能是你的銷售相關能力和技巧不夠，導致你業績無法大大提升，所以今天這課程就是在幫助你提升你的銷售能力和技巧，為了讓你未來的業績更高，收入能夠更好，這就是為什麼你要趕快來學習的原因，學習並運用之後，讓你這一輩子再也不會說『我沒錢』這三個字，你說好嗎？」

重新框視法還有更進階的用法，其方法步驟如下：

1. 除了這個問題外，請問還有其他問題嗎？

2. 確定沒有其他的問題了嗎？

3. 如果我解決了這些問題，是不是你就願意購買了呢？

4. 這些問題當中，哪一個對你來說是最重要的，當我解決了這個問題，你就願意購買嗎？

當你介紹產品的過程當中，客戶說出一個反對問題時，你不必急於回答，你可以把所有的問題留在最後再處理，由於客戶會因為你馬上解決他的一個問題，立即又再延伸另一個問題，那這樣永遠沒完沒了，客戶的問題永遠處理不完。所以當客戶提出一個反對問題時，你可以反問他，「除了」這個問題外，請問還有其他問題嗎？如果客戶提出三個問題，你就問他：「除了這三個問題外，請問還有其他問題嗎？」如果客戶提出第四個問題，你就問：「請問還有其他問題嗎？」如果客戶提出第五個問題，你還是問：「請問還有其他問題嗎？」如果客戶沒問題你可以再問：「確定沒有其他的問題了嗎？如果我解決了這些問題，是不是你就願意購買了

呢？」如果客戶總共問了五個問題，你就聚焦在客戶這五個問題上，最後你可以問客戶：「在這五個問題中，哪一個對你來說是最重要的，當我解決了這個問題，你是不是就願意購買呢？」

但是有時會碰到一種很有趣的情況，假如客戶被你框到「價格」是最重要的問題，這時你可以問客戶：「是不是當我解決您價格的問題之後，您就願意購買呢？」有時客戶會停頓在那裡不說話，因為客戶在想若點頭同意，那麼就表示當你解決完他的問題後就成交了，所以這時客戶為了不那麼快就成交，反而會繡出另一個真正潛藏在他心裡的問題，這時你只要耐心等客戶說出答案，不要急著要客戶回答，之後你只要將客戶最關鍵的問題解決了，就可以成交了。

總之，不要急於一開始就解決客戶所有的問題，而是先確認客戶的所有問題後，再留到最後加以解決那最重要的關鍵問題。記住！問客戶的口吻千萬不要像法官詢問犯人的那樣，否則客戶是不會理你的。

六、說故事成交法

每個超級業務員都是說故事高手，每當你要傳達一個觀念，或者要客戶採取行動做決定時，可以講故事給客戶聽，故事可以是感人的，也可以是激勵的，故事可以是自己，可以是同事的，也可以別人的，以下我分別用四個故事來詮釋一些觀念和銷售自己，進而成交客戶。

故事一：聰明工作，被動收入

有一個年輕人，他畢業後就進入社會找工作，這位年輕人要找一份薪水高，有保障和穩定性高的工作。

這位年輕人面試了好幾家公司，終於被錄取開始上班了。

老闆對他說：「只要你好好做，努力地做，公司不會虧待你的。」這

位年輕人就非常努力地工作，他每天日以繼夜不停地工作，不停加班，他希望他的努力和表現能被老闆看見，他希望快一點加薪和升職。

就這樣，這位年輕人努力工作五年後，終於被公司升為主管，同時也加了薪，並且也買了車子。於是老闆又對他說：「只要你好好做，努力做，公司不會虧待你的。」

於是這位年輕人工作得比以前更賣力，並且開始交了女朋友了。

這位年輕人努力工作，又過了五年，也到了要成家結婚的時刻了。

他為了要結婚，要買房子、傢俱，會有更多的開銷，他要求老闆為他加薪，並跟老闆說我一定會更加努力工作，老闆見這位年輕人如此認真努力，就同意為他加薪。老闆又對他說：「只要你好好做，努力做，公司不會虧待你的。」

這位年輕人有一天回到家，他的老婆跟他說：「我懷孕了。」年輕人說：「什麼！妳懷孕了，那我一定要比以前更賣力工作，我要給孩子最好的教育。」

於是這位年輕人有了車子、老婆、房子、兒子，依然繼續努力工作，不停地工作。轉眼間已到了五十歲，兒子也長大了，他還在工作，這時他跟老闆說：「老闆！我無法工作了！」

老闆說：「只要你好好做，努力做，公司不會虧待你的。」

於是他又繼續努力工作，最後他病倒了無法再工作了。

有一天，他老婆看著這個空曠的大房子，心中默唸著，他為了這個家真是努力，就在這個時候，在花園的旁邊突然出現了一位健康英俊的年輕人，於是老婆就對這名年輕人說：「我有二千萬存款，你要不要和我在一起？」

年輕人馬上答應了。從此過著新生活。

說明：這故事是告訴我們很多人都是很努力的上班族，用時間和青春

在為公司賺錢，過著上班被老闆罵，下班罵老闆的日子。如果我們有工作才有收入，沒工作就沒收入，就會像故事裡的男主角一樣，一生為了工作而不斷加班，因為唯有不斷努力工作才有可能會擁有更多的錢，但是如果我們可以沒工作也能有收入（被動收入），是不是生活會更好過呢？

故事二：一不做二不休

從前有兩座山，一座山上住著「一休」和尚，另一座山上住著「二休」和尚。山上沒有水。每天「一休」與「二休」都必須到山下來挑水，兩人很快地就成為好朋友。

某天，「二休」去挑水時，發現「一休」竟然沒出現，他想，或許「一休」生病了。第二天，「二休」再去挑水，「一休」還是沒出現，「二休」就開始擔心了，決定去探望「一休」。上山後，發現「一休」正在大樹下打太極拳，「二休」很驚訝地問道：「一休，為什麼你沒有去挑水還是有水喝呢？」

「一休」回答說：「這三年來，我每天挑完水，都會利用零碎的時間來挖井，現在我已經挖好一口井，井水源源不絕地湧出，從今以後，我再也不用下山挑水了！還可以省下很多時間，做我喜歡的事。」

因此，「一休」從此不用再做，「二休」卻依然不能休息，這就是「一不做二不休」的由來。

說明：你知道這世界上許多富人的成功關鍵因素之一，就是建構一套系統嗎？讓系統為你帶來財富。例如：星巴克創辦人不用工作，但錢會自動流進來；麥當勞創辦人不用天天辛苦上班，錢會自動流進來，所以今天你也有同樣的機會，只要每天利用一點時間建立一套賺錢的系統，之後你每個月會有持續性的收入，甚至不工作就有收入，當然每個人努力程度不同結果也不同，無論如何你想要當一休還是二休？寧可辛苦一下子，不要

辛苦一輩子，難道你要一輩子做二休嗎？

故事三：選擇，永遠比努力重要

有三個人要被關進監獄三年，監獄長給他們三個人每人一個要求。

美國人愛抽雪茄，所以要了三箱雪茄。

法國人最浪漫，要一個美麗的女子相伴。

而猶太人說，他要一部與外界溝通的手機和充電器。

三年以後，第一個衝出來的是美國人，嘴裡鼻孔裡都塞滿了雪茄，大喊道：「給我火，給我火！」原來他要了雪茄，卻忘了要火。

接著出來的是法國人，只見他手裡抱著一個小孩子，美麗的女子手裡牽著一個小孩子，肚子裡還懷著第三個。

最後出來的是猶太人，他緊緊握住監獄長的手說：「這三年來我每天與外界聯繫，我的生意不但沒有停頓，反而還成長了200%，為了表示我的感謝，我送你一輛勞斯萊斯！」

說明：今天你在台北，如果你打算到墾丁，你很努力地開車往北開，請問你會開到墾丁嗎？所以當你選擇正確的方向或選擇正確的人事物，再加上努力，你將事半功倍，否則只是事倍功半，甚至徒勞無功。

故事四：保險的重要

小王跟小郭是從國中就認識的同班同學，一直到大學都同校，因為兩人是鄰居，所以感情特別好。即使兩人婚後各有各的工作及家庭，兩人還是彼此關心互相打氣，小王後來因為網路泡沫化，轉換跑道至壽險業。

兩家人有時會相約到郊外踏青或烤肉時，礙於面子問題，小王始終沒有跟小郭提起壽險保障的重要性，內心一直認為，請好友幫忙投保做業績是不對的，因為大家是好兄弟，不應該談論敏感的話題，以免傷害兩兄弟

的感情。

　　小郭雖然關心小王的工作情況，由於自己的經濟壓力真的很重，上有高堂，下有妻兒，就算是想捧場幫忙，也愛莫能助。

　　就在風雨交加的一個夜晚，小王接到一通電話，電話是小郭的太太打來的，小郭因為工作的關係，出差至南部三天，晚上回台北，在路上發生車禍，後面的砂石車煞車不及追撞小郭的車子，小郭目前還在昏迷中。

　　小郭的太太接到醫院通知後，第一個就打給小王，小王得知消息整個人馬上崩潰，警方的鑑定報告顯示，砂石車司機因為天雨路滑及未保持行車距離，造成這起悲劇，問題是肇事的司機身無分文拿什麼來賠償小郭的家人。

　　事後小王一家大小去參加小郭的告別式，照片裡的小郭，笑容是如此的燦爛，小王內心非常難過，不斷的自責，當初為何沒有與好兄弟討論壽險保障的重要性，礙於面子問題，造成無法彌補的遺憾。內心也常常自問：遠在天堂的小郭，會認為我是他的好兄弟嗎？而這個小王就是我本人。

　　說明：此故事的效果在於用自己親身經歷的故事去感動客戶，你可以講自己經歷的故事，或把同事的故事講成自己客戶的故事，講到最後時要眼眶泛紅，流下一滴淚，這樣才有說服力。再告訴你一個祕密，銷售高手其實都是演戲高手。

五、蘇格拉底成交法

　　希臘最著名的哲學家蘇格拉底的溝通祕訣，就是讓客戶說「是」！所以你可以事先想好一些能讓客戶回答「是」的問句，也可以搭配二擇一成交法，原則就是**讓客戶回答自己想要的答案**。這個技巧非常實用，適用於邀約客戶，產品介紹，締結成交。根據心理學家研究發現，當對方連續回

答「是！對！好！」以後，你再問對方問題時，對方也會輕易地配合你回答「是！對！好！」，所以只要你引導得好，客戶就很容易被你牽著鼻子走。以下我舉三個範例說明，大家可以依自己的產品行業別加以改編。

範例一：

業務：你知道投資股票會有漲有跌嗎？

客戶：知道。

業務：如果有一家公司沒有未來性、不會賺錢、發展性不夠、沒有格局、沒有成長空間、沒有潛力、對這家公司沒有信心，你應該不會投資這家公司對不對？

客戶：對！

業務：相反的，如果有一家公司具有相當的競爭力、又有潛力、未來又會有可觀的獲利、格局又宏觀、不斷的成長，你會投資嗎？

客戶：會呀！

業務：世界成功策略大師博恩・崔西說每個人的大腦都是一部280億位元的超級電腦，如果你的大腦是一個投資標的物，你覺得大腦值得投資嗎？

客戶：嗯！

業務：如果投資自己可以運用自己所學的知識與智慧幫你每個月多賺一萬、五萬、十萬甚至更多，這是你要的嗎？

客戶：是的！

業務：現在就讓我們來看一下要如何讓你每個月多出更多收入。

範例二：

業務：你想不想成功？

客戶：想。

業務：是想要還是一定要？

客戶：一定要。

業務：是現在要還是以後要？

客戶：現在。

業務：用過去的方法只會得到現在的結果，你現在好嗎？

客戶：不是很好。

業務：所以用過去的方法可能無法讓你達成目標，實現夢想，所以成功需要改變，你說是不是？

客戶：是。

業務：現在開始改變比較好，還是以後再改變對你比較好？

客戶：現在。

業務：現在如果有方法願意教你，你願不願意現在來學習？

客戶：願意。

範例三：

業務：你是不是很重視家庭呢？

客戶：是。

業務：你是不是很愛你的太太呢？

客戶：是。

業務：你希望一家人一輩子過得很幸福快樂嗎？

客戶：希望。

業務：你是不是希望未來的日子沒有後顧之憂呢？

客戶：當然最好是這樣。

業務：既然你那麼愛你的家人，是不是希望他們有最安全的保障呢？

客戶：是呀！

業務：所以你今天買多少保險就代表你有多愛家人和太太，對嗎？

客戶：嗯！話是沒錯啦！

♪ 六、富蘭克林成交法

美國有一位頂尖人物叫富蘭克林，他是一位政治家、銀行家，也是一位慈善家，他有一個習慣就是當他遇到不知如何做決定的時候，就會用這個方法來幫助他作決定。首先拿出一張白紙畫一個 T 字型，先把做這個決定的好處寫在左邊，寫到想不到為止，再來請「客戶」將做這個決定的壞處寫在右邊。

範例：加入某家傳直銷公司

1. 可以增加收入	1.多花錢
2. 收入自己決定	2.花時間
3. 創造被動收入	3.被笑
4. 擁有正面積極的環境	
5. 累積更多的人生歷練	
6. 打造黃金退休夢	
7. 擁有自己的事業	
8. 身體更健康	
9. 倍增人脈	
10. 培養更多元的能力……等	

當寫完了加入某家傳直銷公司的好處與壞處，再將壞處加以說明，解決客戶的疑慮後，這時你要打鐵趁熱地說：「聰明如你，所以答案已經很明顯了，加入對你來說比不加入還要好太多了，你說是不是呢？」

♪ 七、回馬槍成交法

有時我們無論再怎麼說，客戶還是不買，那種失落、沮喪的心情，我能體會，這時可以用這一招。用法如下——

範例：

業務：「林媽媽！說真的，我覺得我們這套學習軟體非常好，也非常適合您的小孩，雖然您不願意讓您的小孩使用，也沒有關係，我不會勉強您的。」

　　邊說這段話的同時要邊收東西，當東西都收好後，站起身來，往大門走去，裝作要離開的樣子。根據心理學，當業務沒有成交要走時，客戶心裡簡直鬆了好大一口氣，心裡想著終於又拒絕了一個業務員，此時客戶的心房會有所鬆懈，這是業務最佳的反攻時機。所以接下來這個動作很重要，當你的手握住大門門把要轉開時，馬上轉過身很誠懇地對著客戶說：「林媽媽！說真的！您不讓您的小孩擁有這套學習軟體的真正原因是什麼？可不可以告訴我，讓我這份工作能做得更好，是不是錢的問題？」

　　客戶：是！

　　業務：錢的問題最好解決了，來！我來幫您解決。

　　（再坐回位子上繼續說明此產品對客戶的好處和價值，並解決價格的問題。）

八、對比成交法

　　我們想像一下，當你前面放一桶冰水和一桶溫水，先把手放進冰水放三分鐘，再放進去溫水，你會感覺水溫有點熱，感覺比實際溫度還熱。這就是一種對比的原理。

　　從前有一個小女孩為了要存錢買腳踏車，就批了一大堆餅乾來賣，賣了一年共賣出四萬多包，許多銷售專家和心理學家就去研究她是如何做到的，結果發現她用的是對比成交法，她每天下課後都帶著好幾盒餅乾，一盒裡面有十包餅乾，另外她還帶了一張彩券，每當她挨家挨戶敲門拜訪時，她就會跟對方說：「您好！我為了存錢買腳踏車，所以每天利用下課後打工賺錢，這裡有一張彩券，只要三十塊美金，您買一張好不好？」通

常對方都會覺得太貴了，因為他們都知道一張彩券只要三塊美金就買得到，但是這小女孩還是堅持不放棄地向對方說：「不會貴呀！你想想看，這彩券只要三十塊，若中獎了！你可能得到三百塊或五百塊，早就賺回來了！」小女孩不斷地說三十塊，三十塊，三十塊，一直不斷重覆三十塊這個數字，當對方不耐煩並堅持不買後，她就從包包裡拿出二盒餅乾說：「不然這樣好了，這裡有二盒總共二十包餅乾只要二十塊，是不是請您考慮一下呢？」客戶馬上付錢買了。

為什麼客戶最後會買呢？因為當小女孩一直重覆「三十」這個數字時，客戶的腦海裡會一直存在著「三十」這個數字，當你再說一個比三十更便宜的數字時，客戶會覺得比三十元更便宜了，所以很快就決定買了。

當我們在銷售時，我們可以視情況先銷售較貴的產品或套裝產品，比方說我是銷售商用軟體的業務，我可以先推出最貴的「旗鑑版」，若客戶最後依然是因為預算的關係而無法購買，我可以再推出次貴的「商務版」，若客戶還是不買，我最後可以推出最陽春平價的「經濟版」，這時客戶會因為「經濟版」價格較便宜而決定購買，若我一開始就推出「經濟版」，客戶心裡會想著「要」與「不要」，反之我先推出最貴的產品再推出次貴產品，客戶會從中去挑選其中一種。

我曾經銷售一個套餐課程，就是把三個課程混在一起賣六萬元，後來客戶不斷堅持預算的問題，並問我這三個課程分別是多少錢，所以最後我成交了一萬二千八的單一課程，原本客戶要付六萬元，現在只要付一萬二千八。但至少我成交了一個客戶，而不是什麼都沒有。

當然在銷售過程中，不要輕易讓步，要讓客戶知道這就是最適合你的解決方案，**除非等到確定客戶願意用更少的金額購買時，你才可以讓步**，並用對比成交法成交客戶。

九、非買不可成交法

誰是世界上最難說服的人呢？你猜到了嗎？答案是自己，有些業務業績不好，是因為不相信他所賣的產品對客戶有幫助，如果你可以徹底說服自己，你的產品實在太棒了，那麼你說話的感覺，你的眼神是絕對不同的。記住！**唯有徹底說服自己，你才有辦法說服別人。**

相信我們從小到大，沒有一個人告訴我為何要購買某樣東西的五十個理由。所以若你能說出客戶為什麼一定要跟你買的五十個理由，客戶基本上是很難拒絕你的。

範例：為什麼你一定要跟我買《業務九把刀》的五十個理由：

1. 每一個人都是業務員，因為如果你不是銷售產品給客戶，就是銷售想法給別人，所以每個人都要學會銷售。
2. 學到世界銷售房地產冠軍──湯姆・霍普金斯的銷售祕訣
3. 學到世界銷售汽車冠軍──喬・吉拉德的銷售祕訣
4. 學到世界第一催眠大師──馬修・史維的催眠式銷售
5. 學到世界第一潛能激勵大師──安東尼・羅賓的自我激勵祕訣
6. 學到世界第一人脈大師──哈維・麥凱的交際祕訣
7. 學到世界第一行銷大師──亞布拉罕的行銷祕訣
8. 學到世界第一談判大師──羅傑・道生的談判祕訣
9. 學到世界第一領導大師──約翰・麥斯威爾的領導祕訣
10. 學到世界時間管理大師──艾維・利的時間管理祕訣
11. 學到世界成功策略大師──博恩・崔西的成功祕訣
12. 學到世界知名品牌《富爸爸銷售狗》的作者──布萊爾・辛格的領導祕訣
13. 學到世界銷售激勵大師──金克拉的銷售祕訣
14. 學到NLP神經語言學的精髓

15. 學到世界級的智慧與技巧

16. 學到客戶潛意識到底在想什麼

17. 學到價值百萬的時間分配技巧

18. 學到不用花錢打廣告的策略

19. 學到史上最恐怖的成交祕訣

20. 學到成交十大必殺技

21. 學到如何說服全世界最難說服的人

22. 學到如何讓客戶一看到你就喜歡，再見你就難忘

23. 學到如何避免客戶購買後反悔

24. 學到如何讓客戶拜託你賣給他

25. 學到如何讓客戶說服他自己

26. 學到如何借力使力不費力

27. 學到如何在二十秒內銷售你的產品

28. 學到如何增員對的人才，並把他放在適當的位置

29. 學到如何讓夥伴們願意為你拚命

30. 學到如何說出撼動人心的自我介紹

31. 學到如何用一個人的時間，做一百個人的事情，創造一千倍的效益

32. 學到如何把話說出去，把錢收回來

33. 學到如何處理客訴

34. 學到如何在你簡報或演講完，讓客戶採取行動

35. 完全巔覆傳統的銷售觀念

36. 亞洲八大名師首席王寶玲和1111人力銀行執行長李紹唐等知名人士強力推薦

37. 連超級業務員都不一定知道的銷售祕訣

38. 坊間銷售書籍都沒有寫出來的銷售祕訣

39. 讓你每天準時下班

40. 讓你突破瓶頸，再創佳績

41. 增強你的自信心

42. 激發你的行動力

43. 這是即將改變你業務生涯的一本書

44. 坊間最完整的業務勝經

45. 節省你的時間和金錢

46. 可以幫助你超越你的競爭對手

47. 震憾你的靈魂，沸騰你的血液

48. 喚醒心中的巨人，激發心靈潛力

49. 這是一本暢銷書和長銷書

50. 有作者的親筆簽名

當你寫下客戶為什麼要跟你購買的五十個理由後，有三種用法：

用法一：你可以每拜訪一次客戶就用一個理由去說服客戶，也就是說你共有五十次拜訪機會。

用法二：將此五十個購買理由列印兩份，一份給客戶，一份給自己。接著，從第一個理由一直唸到第五十個理由，客戶可能沒有聽你唸完到最後一個理由，就跟你說：「好了！我買！」。當然前提是你的理由要有說服力。

用法三：把五十個理由從**肯定句變成疑問句**。（為何要用疑問句請見本章第五式）

範例：（以下略舉十個例句）

1. 你知道為什麼每個人都需要這本書嗎？

2. 你想知道坊間銷售書籍都沒有寫出來的銷售祕訣嗎？

3. 你想知道連超級業務員都不一定知道的銷售祕訣嗎？

4. 你想知道如何把話說出去，把錢收回來嗎？

5. 你想知道如何讓客戶拜託你賣給他嗎？

6. 你想知道如何說服世界上最難說服的人嗎？

7. 你想知道如何避免客戶購買後反悔嗎？

8. 你想知道如何說出撼動人心的自我介紹嗎？

9. 你想知道如何超越你的競爭對手嗎？

10. 你想知道為什麼1111人力銀行執行長不認識我還願意推薦這本書嗎？

此外，有效的問句還有**七大技巧**，**三大公式**，請見本章第五式。

現在，你可以開始寫下客戶為什麼一定要跟你購買的五十個理由。

十、媽媽成交法

當業務在引導客戶做決定的關鍵時刻，切記要保持沈默，因為此時說了不該說的話，這筆訂單可能就沒了。我曾經在引導客戶做決定的關鍵時刻，竟對著客戶說：「我們現在刷卡分三期免利息喔！」客戶想了想便說：「因為我還有一些金額未繳，我算了一下，若現在刷下去對我來說壓力太大，我看算了，先不要買好了！」即使我後來請客戶用別種付款方式，客戶還是想暫時先不買。所以關鍵時刻不要說話，耐心等待客戶的決定。

那如果業務和客戶雙方都不說話時怎麼辦呢？當雙方都保持沈默僵持不下時，你心裡會想：「他怎麼都不說話也不動作，難道他也學過這招嗎？」這時你可以對客戶說：「唉呀！原來你也會這一招啊！我媽媽說，沈默就是代表默認的意思你同意嗎？請在這裡確認一下，其他的事就交給我吧！」

為什麼有人看起來普普通通，但是業績就是比較好？因為他可能比你多懂一件事，或多做一個動作，或多擁有一種思維。然而有些高手不一定會把壓箱寶告訴你，或者他們剛好做對了一些事情但不自知。

在銷售過程中，其實有一些關鍵和小細節要注意，若能確實掌握，必能提升成交率。我把它整理成十大關鍵：

一、其實我懂你的心

當電影枯燥乏味時，你會昏昏欲睡，十分不耐煩，但假若你覺得電影生動有趣，你會聚精會神，深怕錯過任何一個劇情。同樣地在銷售過程中，業務員的一舉一動，一個眼神，一個手勢都潛藏著銷售訊息，相對的，客戶也會透過肢體語言釋放某些信號，因此雙方的聲音變化、肢體語言、臉部表情、身體動作不僅是表達的一部分，也會透露出個人的思想和觀點。

當業務員能善用肢體語言，並且理解客戶言談之間的肢體訊息，就能有效掌握客戶心理，以下，我們將介紹客戶常見的肢體語言，以及它們所暗示的心理，以期幫助你隨著情境的不同，採取相應的銷售策略。

1. 臉部表情

客戶面無表情、目光冷淡，無疑是強而有力的拒絕信號，這表示你的說法沒有獲得認同。

客戶面帶微笑，通常意味著對你抱持友善態度，並且有意與你對話。在某些特殊情況下，客戶也會以微笑表示他的歉意，或是求得你的諒解。

客戶的目光忽然炯炯有神，表示你的話語打動了他，並且願意接受或考慮你的建議。

客戶回答你的提問時，眼睛不願正視你、不時低頭揉眼，或是目光飄移、故意閃躲你的眼神，表示他的回答很可能是「言不由衷」，或是心中另有打算。

客戶忽然皺起眉頭，表示他不同意你的觀點，或是對你的說法抱持懷疑態度。

客戶在交談過程中，目光專注、頻頻點頭，表示他對你的話語有高度興趣，也樂於接受你的意見或建議。如果客戶以眼角餘光看你，或是微微仰高頭部，意味著蔑視態度，多半表示他對你的話語不以為然，甚至是強烈質疑你所說的建議。

2. 手勢動作

客戶與你握手時，力道輕軟無力，表示他態度冷淡，希望與你保持距離；客戶緊握你的手，而且力道重到讓你感覺疼痛，表示他刻意展現熱情，但這往往帶有虛偽意味；客戶與你握手的力道鬆緊適中，表示他個性穩重，而且講求禮貌。如果你發現客戶的手充滿手汗，通常表示他心情緊張，或是處於不安或警戒狀態。

客戶在交談時，不時將雙手插入口袋，表示他可能感到緊張或焦慮，往往習慣將雙手插入口袋的人較為神經質，對於外界的變化也十分敏感。

客戶不停把玩身上的飾品或桌上的小物品，表示他內心緊張，或是對你的話不感興趣。

客戶將手臂交叉在胸前，通常意味著抗拒與警戒，也表示他不贊同或拒絕你的意見。

客戶頻頻以手觸摸商品，或是不斷翻閱商品目錄，表示他對商品有極高的興趣。

客戶用手觸摸後腦勺或下巴，多半表示他正在思考或心情緊張。如果客戶以手輕按額頭、搔頭、搔抓脖子，表示他感到困惑、為難，或是心中拿不定主意。

客戶不時抬手看錶，通常是一種婉轉的拒絕動作，這意味著他不想或無法繼續交談，希望你能快速而主動地結束對話。

3. 站姿與坐姿

客戶與你交談時，站姿會微微前傾，表示他對你的話語感興趣，並有意與你保持互動；如果客戶的站姿看來有些僵硬，身體微微後傾，表示他心情緊張，或是對你有所警戒。

客戶在商談過程中，頻頻更換坐姿、不斷抖腿，或是以手輕敲桌面，表示他心情緊張或煩躁不安。如果客戶蹺起二郎腿、兩手交叉在胸前、收緊肩膀，表示他對於談話感到疲倦，不想再繼續交談。

無論客戶站或坐，雙腳略微打開都表示他充滿自信，並且樂於與你交談。

客戶坐著時，如果東張西望或是頻頻望向大門，表示他心不在焉，或有意結束對話。

客戶站著時，忽然將身體轉向門口的方向，或是往門口逐步移動，表示他內心渴望結束對話，並且盡快離開現場。

二、銷售像一場球賽，業務是隊長，客戶是隊友，不是觀眾

我發現有許多業務員，甚至資深老鳥，總喜歡一個勁地講個不停，不會去注意客戶的反應和適時的互動。

以前曾經有一位保險業務員向我推銷，在產品說明時講了許多數字，對於數字反應較慢的我來說，根本跟不上他的步調，自然而然就聽不懂他在講什麼，最後當然沒有購買。其實，在銷售過程中，是要互動的，尤其是在說明有關數字時更要確認客戶是否有聽進去，是否聽得懂，不是等產品介紹完才問客戶有什麼想法，而是在過程中就要頻頻詢問。

在我從事童書業務工作，每次拿著繪本講故事給客戶聽時，都會故意問一些問題，讓客戶思考，讓客戶參與整個故事，融入整個銷售過程。一方面判斷客戶是否真的有在聽，另一方面可增加親切感，減少距離感。

三、思路決定出路

當客戶抱怨商品價格太昂貴時，有些業務員會設定在「我如何降低商品售價」，所以會採取犧牲利潤的方式，或者是希望公司調降商品的市場售價，但是有些業務員卻不這麼做，因為他們認為問題應該反轉為：「我如何讓客戶感覺售價合理」。

事實上，業務員要改變價格結構很困難，改變客戶對價格的判斷卻相對容易。你不可能滿足每個客戶降價不一的要求，但你可以在回覆價格問題時，引導客戶思考一下商品的功能，售後服務和附加價值等，如此一來，他們就會綜合性地重新評估商品售價的合理性。

一九五二年，日本東芝電氣公司（Toshiba）囤積了大量的黑色電風扇，董事長憂慮之餘宣佈：「誰能讓電風扇打開銷路，誰就能獲得公司的一成股份。」這時有一名業務員建議更改電風扇的顏色，在場的人聽了之

後，都認為這個提議很可笑，但轉而一想，自從電風扇問世以來，每家廠牌的電風扇都習慣以黑色為主，說不定改變顏色真的能帶動銷售，於是隔年夏天，東芝便推出了一系列的彩色電風扇。出人意料的，彩色電風扇格外地暢銷熱賣，東芝非但擺脫了困境，營收也大幅增加。

為什麼東芝只是小小改變了電風扇的顏色，就能扭轉商品滯銷的情況呢？難道其他競爭敵手都未曾設想過嗎？這顯然是因為所有人均受到「黑色電風扇」舊思維的束縛，所以當業務員提出「彩色電風扇」的同時，形同打破市場窠臼，創造了商品的嶄新賣點。

有一家準備擴大經營的公司，決定高薪聘請一名行銷長。面對眾多的應徵者，公司負責人說：「我們為各位出了一道實務的考題，題目是『賣梳子給和尚』，誰賣得最多就錄取誰，時間以一週為限。」大多數的應徵者認為這是有意刁難的考題，紛紛拂袖而去，最後只剩下三名應徵者。

一個月後，負責人分別詢問這三位應徵者的銷售成績。第一位應徵者說，他去許多寺廟遊說和尚買梳子，但卻慘遭和尚的責罵，最後他遇到一個小和尚使勁地搔頭皮，於是他靈機一動，遞上木梳，終於成功賣出了一把梳子。

第二位應徵者說，他去了一座名山古寺，由於山高風大，信徒的頭髮都被山風吹亂了，因此他對寺院的住持說：「蓬頭垢面來參佛是對佛的不敬，應該在廟門前置放一些木梳，供善男信女梳理頭髮。」住持採納了他的建議，於是他順利地賣出了十把梳子。

第三位應徵者則告訴負責人說：「我賣出了一千把梳子。」負責人驚訝地追問：「你是怎麼辦到的？」

第三位應徵者說，他也去了一座香火鼎盛的深山古寺，那裡的信徒絡繹不絕，於是他對住持說：「前來進香參拜的信徒，都有虔誠的心，古寺應有所回贈，以做紀念，並保佑信徒平安吉祥，鼓勵他們多做善事，我這

有一批木梳，又聽聞您的書法超群，您是否考慮在梳子上寫上『積善梳』三個字，用來作為送給信徒們的贈品呢？」後來住持採納了他的提議，當場決定買下一千把梳子。

最後結果當然是第三位錄取。

沒想到三年之後，當初錄取的這位行銷長因故離職，於是老闆再次對外公開徵求行銷長一名，錄取資格是只要能打破一週內賣出一千把木梳的記錄，即可有機會成為新任行銷長，結果只來了一位面試者願意接受挑戰。

這位面試者先請了幾個記者來宣傳了一下寺院，然後採購了一批梳子，舉行了一場盛大的「越梳越健康」活動，並要小和尚們請來賓留下名片或基本資料，結果當地的政府官員和各界明星藝人們都好奇前來，當天就賣出了一千把梳子。該寺院的名氣也因此瞬間提升了不少。

這位面試者又請人給這個寺院杜撰了一則歷史故事，很快地這個寺院成了當地的必遊古蹟，前來的香客越來越多，梳子的銷量也越來越好，人們都不免俗地順手買了把梳子回家留念。

這位面試者最後又想出了一個策略，他購買了一台筆記型電腦，在寺院內架設無線網路基地台，並安裝了一套CRM（客戶關係管理系統），記錄著香客們的基本資料，香客生日當天還會收到寺院傳來的祝賀簡訊，香客們都非常的感動，香油錢自然而然就更多了。

最後這位面試者當然成為該公司的新任行銷長。

一家生產牙膏的公司，其產品優良，包裝精美，很受消費者喜愛，營業額連續十年遞增，每年的成長率都在百分之十到二十之間。可是到了第十一年，企業業績停滯了下來，第十二年、第十三年也都是如此。公司經理急忙召開高層會議，商討對策。在會議上，公司總裁承諾：「誰能想出解決的辦法，讓公司業績成長，就有獎金五十萬元。」

這時，有位年輕經理站了起來，遞給總裁一張紙條。總裁打開紙條，看完後馬上簽了一張五十萬元的支票給他。那張紙條上只寫了一句話：「將牙膏開口擴大1mm。」

人們每天早晨習慣擠出同樣長度的牙膏，牙膏開口若擴大1mm，每個人就多用了1mm寬的牙膏，如此一來，每天牙膏的消耗量將多出許多。於是公司立即開始更換包裝。接下來的一年，公司的營業額增加了百分之三十二。

我們常常生活在一種習慣裡。面對生活的變化，我們習慣於過去的思維模式，這樣思路就會變狹窄，許多事情會想不開，也想不到。事實上，在市場上，原本就沒有賣不出去的商品，只有賣不出去的「觀點」，因此當業務員面對銷售阻礙時，必須保持彈性的思維模式，才能以多元的視角思考問題，也才能以更靈活，更有創意的方式來處理問題。如果你想活化自己的思維模式，可以多多參考以下的方式：

1. 試試看不同的思考策略

每個人對問題的思考模式都不同，你也許習慣將問題的利弊得失寫在紙上，進行比較分析，或者習慣把問題繪製成樹狀圖，簡易圖表，釐清思考的脈絡，甚至可能你有一套異於常人的思考方式。

無論你的慣性思維方式為何，你必須用開放的心態，試著讓自己運用其他的思考策略，必要時，甚至可以多種策略交叉使用，這樣做的好處，可以避免你長期固守一種思考模式，導致思維僵化，應變能力降低。

2. 隨手記錄你的想法

我們在日常生活中，隨時都可能會靈光一閃，冒出稀奇古怪的創意或想法，但是許多人認為那些是可笑的念頭，進而選擇忽略它們，直到自己

徹底遺忘。

從現在開始，你應該培養隨手記錄想法的習慣，因為不管那些想法有多荒誕、多不成熟，當你需要發揮創意時，就能先從回顧之前的想法著手，有時在重新思考、重新整理過往想法的過程中，不但能激盪你的腦力，更能讓你發現解決問題的新方法。

3. 建立你的知識庫

在現今講求知識經濟的時代，人們越來越重視「知識」的汲取，多方吸收新知，除了能開闊視野、活躍思考外，也能培養處理危機的能力，尤其業務員每天要與眾多客戶接觸，如何與不同價值觀、不同領域的客戶相談甚歡，也成為了一種自我突破與挑戰。

不管你的銷售行程有多忙碌，每一天，你至少要花三十分鐘充實自己的知識庫，閱讀書報雜誌、上網瀏覽最新資訊，這都是你能充實知識的基本方式，往往累積的知識經過消化後，你就能自然活用在銷售上，在處理問題時，也會有更具智慧的做法。

4. 多問自己為什麼

銷售最有趣、最折磨人的地方，在於它的成功或失敗，未必是理所當然的結果，也未必是水到渠成的過程，因此你要多問「why」。

你必須試著分析每一次的銷售結果，多問問自己為什麼這麼做會成功？為什麼那樣處理會失敗？如果時光倒轉，我會怎麼說或怎麼做。

5. 創造好點子，讓垃圾變黃金

全球最大電腦軟體供應商微軟公司（Microsoft Corpor）曾在應聘人才時，設計了不少有趣考題，例如：波音七四七有多重？你如何把冰賣給愛

斯基摩人？如何搬動富士山？這些看似腦筋急轉彎的題目沒有標準答案，但是應考者的回答將反應出他的思考力、應變力、創造力，對於主考官來說，那才是他們出題的真正用意。

正如發明家和一般人不同的地方是，他們總是企圖找尋更好的方法，改善眼前的現狀，因此一個充滿創意的發明，經常是為了解決多數人的苦惱，例如電動刮鬍刀的問世，解決了傳統刮鬍刀的不便。從某方面來說，業務員必須抱持著發明家的精神，尤其面對銷售問題時，你必須去思考它是否有更好的解決方式，你才有可能發揮思考潛能，並且致力於「創造」銷售好點子。

當面對問題或困境時，你便能靈活地加以處理，正如物理學之父愛因斯坦（Albert Einstein）曾說：「從嶄新的角度來看待舊問題，需要創造力、想像力，這成就了科學上真正的進步。」銷售又何嘗不是如此？

四、激發客戶的好奇心

英國知名小說家毛姆剛剛發表作品時，一直過著貧困的生活。在窮得走投無路時，他用了一個奇怪的點子，結果居然扭轉了劣勢。

在尚未成名之前，他的小說乏人問津，即使出版社用盡全力來促銷，情況依然沒有好轉。眼看自己的生活越來越拮据，情急之下，他突發奇想，用剩下的一點錢，在報紙上登了一個醒目的徵婚啟事：

「本人是一個年輕有為的百萬富翁，喜好音樂和運動。現徵求和毛姆小說中女主角一樣的女性共結連理。」

廣告一登，書店裡的毛姆小說很快就被一掃而空。一時之間，紙廠、印刷廠、裝訂廠必須加班，才能應付這突如其來的銷售熱潮。

原來，看到這個徵婚啟事的未婚女性，不論是不是真的有意和富翁結婚，都會好奇地想瞭解女主角是什麼模樣；而許多年輕男子也想瞭解一

下，到底是什麼樣的女子能讓這名富翁這麼著迷，再者也要防止自己的女朋友去應徵。

從此，毛姆的名氣大增，書籍的銷售量也一直居高不下。另外像大樂透的廣告「曉玲，嫁給我吧！」其行銷的操作手法就和毛姆很類似，而這個廣告在推出時，也是引起一陣話題。所以使用一些奇招激發客戶的好奇心，往往可以收到意想不到的效果。

還有一個例子是說：有一位年輕小姐叫春嬌，她在東區租了間店舖，滿懷希望地做起寵物店的生意。

然而剛剛開業時，她的生意慘淡無比，看著店前川流不息的人群，就是不進自己的店，心裡急得發慌，春嬌想來想去，終於想出了一個突破困境的辦法。

第二天，她匆匆忙忙前往警察局，借來正被通緝的重大罪犯照片，並將照片放大好幾倍，貼在門口的玻璃上，照片下面還附上說明。照片被貼出來之後，來來往往的行人都被照片吸引住了，紛紛駐足觀看。因此，她的生意立即有了很大的轉變，原本生意清淡的店舖，突然變得門庭若市。

還因為貼出了逃犯的照片，使員警能順利緝拿到罪犯。所以，這位年輕小姐還得到警察局的表揚獎狀，報紙對此做了大篇幅的報導。而她也毫不客氣地把表揚獎狀，連同報紙一併貼在店舖的玻璃窗上，錦上添花，她的生意就更加興隆了！

我曾經聽過這樣的銷售創意：

業務：「××老闆！當你65歲退休時，如果給你兩個選擇，一個是有千萬讓你花，另一個是選擇兩朵花，你會選擇哪一個？」

客戶：「什麼兩朵花？選擇千萬讓我花好了！」

業務：「好！有99%的人都跟老闆你的回答一樣，選擇千萬讓你花，但是我會選擇兩朵花。」

客戶：「為什麼？」

業務：「因為這二朵花，分別是有錢花和隨你花。星雲法師曾經說過，朋友啊！請多保重呀！年輕時要存錢呀！這樣老了的時候才有兩朵花，有錢花和隨你花呀！」

　　我有一位從事保險的朋友，他的名片上有一個圓孔洞，我問他為什麼要有一個洞，他說：「哲安！你有所不知呀！大部份的人財務，就像這個名片一樣，存在一個不完美的缺口，而我的出現，就是要幫你守住這個缺口。」想不到只是一個圓孔洞的小創意，激發了許多客戶的好奇心，也為他帶來許多的業績。

　　銷售有時是可以用輕鬆幽默的方式，來激發客戶的好奇心。

　　在我銷售幼教童書時，曾用過一招來激發客戶的好奇心。由於我平常都是到學校去陌生開發，所以常常在學校各教室、辦公室穿梭著，因為常被老師拒絕，所以決定出奇招，有一次我故意用跑的且裝做很喘的樣子跑到一個老師旁邊說：「林老師妳好！我剛聽隔壁辦公室有一位老師說妳對孩子的教育特別用心，而且很喜歡用繪本來教學，因為剛打上課鐘，我怕老師妳不在位子上，所以趕快來告訴你，我今天剛好有帶一些妳會喜歡的繪本，來！妳看！」我便拿出一本繪本開始講故事。結果運氣不錯！林老師這節剛好沒有課，後來成交了一套。

　　過去消費的習慣是AIDMA（Attention注意，Interest興趣，Desire 欲望，Memory記憶，Action行動），如今已轉變為AISAS（Attention注意，Interest興趣，Search 搜尋，Action行動，Share分享）。所以在我的電子郵件收件匣常常會收到一些廣告信，有些廣告信會吸引我去點點看，我印象中有一次收到一封信主旨寫著：「看到正妹說不出話。」我想說這是什麼東西呀！結果點下去一看！原來是學美語的廣告信。

　　人的消費心理，是可以透過外部的誘導和刺激來增強的。在廣告界也

有「眼球效應」的說法，就是搶奪消費者的眼睛視線和注意力。作為業務人員，必須加強修練「攻城為下，攻心為上。」只有抓住客戶心理，引起人們注意，才能激發其好奇心和購買欲。

五、找到客戶的關鍵按鈕

很多人都知道要做業績先做朋友，業績是聊天聊出來的。所以在和客戶聊天的過程當中去了解客戶的需求和渴望的事物，那麼要如何聊天呢？聊天對有些人來說家常便飯，對有些人來說卻痛苦萬分，因為不知要聊什麼好？只想速戰速決，所以我提供二個公式：FORM和NEADS。大家可以試試看：

公式一：FORM

● F（Family）：家庭。

● O（Occupation）：工作事業。

● R（Recreation）：休閒娛樂。

● M（Money）：財務狀況。

以上這四個方面是客戶最基本且感興趣的內容，透過與客戶的聊天，了解客戶的家庭、事業、休閒和財務狀況，就能進而了解客戶的價值觀和關心的人事物。

公式二：NEADS

N（Now）：現在。你現在有買什麼保險？

E（Enjoy）：享受。你對你現在的保險最滿意的地方是什麼？

A（Alter）：更改或改變，哪裡還不太滿意。你下次再買保險時有哪些是你想補強的部分呢？

D（Decision-maker）：決策者。你買保險是你自己就可以決定，還是要和其他人討論過才可決定。

S（Solution）：解決方案。今天我所提供的保險可以讓你滿意嗎？提供滿意和不滿意的解決方案。

透過上述五個步驟，即可了解客戶的需求和渴望。再來要找到客戶心中最關鍵的需求，也就是關鍵按鈕。

每個客戶在購買決策時的想法不一樣，有人最在乎的是價錢，有人最在乎的是功能，也有人最在乎的是品質，所以我們要知道客戶購買決策最大的關鍵需求，比方說銷售保險，你可以這麼問——

業務：「請問您當您購買保險時，最重視的是什麼？是保障？還是費用？」

客戶：「費用。」

業務：「除了費用呢？」

客戶：「保障。」

業務：「除了費用呢？」

客戶：「公司知名度。」

業務：「所以當你要購買保險時最重視與在乎的——第一是保險費用，第二是可以給你的保障，第三是保險公司知名度是嗎？」

客戶：是的。

這麼問是要再次確認客戶最重視、在乎的點是什麼？了解客戶購買保險的價值觀順序，也就是找到客戶心裡最關鍵的按鈕，所以當我們已經知道客戶最重視在乎的是費用後，就可以問客戶每個月的預算？問一些關於費用的問題，如此一來才能對症下藥，不致於浪費彼此的時間。

六、報價之前要先塑造產品的價值

　　客戶買的是產品的價值，就像一瓶礦泉水，當它在便利商店和在沙漠中的價值完全不同，因為錢是一種價值的交換。

　　我曾在大賣場銷售卡拉OK，我每天都用歌聲來吸引客戶，有時高喊：「最新的卡拉OK，走過路過，不要錯過！」常常會有客戶經過問我這台多少錢？每當我直接回答客戶多少錢後，客戶就走了，但是如果這樣回答：「這台是大唐最新卡拉OK機種，自行灌歌不求人，內含YAMAHA頂級音效處理晶片，80%以上是原音伴奏，是你學歌的最佳利器，即使不唱歌，當你做家事的同時也可撥放當背景音樂來聽，一舉數得。來！唱唱看！」客戶就不會馬上走人，若客戶有興趣，自然會再聽我的說明和互動，當然成交的機會也隨之提升。

　　律師幫當事人打贏官司，只說了幾句話，請問律師值多少錢？因為一個人基本上對於一樣產品，會主觀地用價格來判斷其價值，若價格大於價值，客戶就會覺得貴，哪怕很便宜，客戶也不一定會購買，因為他不了解產品的價值；反之，若價值大於價格，客戶就會覺得便宜。

　　我曾銷售過潛意識CD，一般一張CD平均約三百元，但我這套潛意識CD定價要三千元。一般人不懂什麼潛意識CD，所以如果我直接說三千元，我想沒有人會買，但是當我先這麼說：「你看過《祕密》或《吸引力法則》的書嗎？世界成功策略大師博恩‧崔西說：『思想是原因，環境是結果！』世界第一名潛能大師安東尼‧羅賓說：『所有人的改變都在他的潛意識。』日本教育權威七田真說：『潛意識的力量比意識大數百萬倍以上。』潛意識好比是一台萬能的機器，但這台機器並不會自己運轉，能使它運轉的只有你的信念。

　　你知道嗎？所有的成功、財富、健康和自信開始和結束於你的思想。而你的思想其實就是一群信念的組合；而信念是經由不斷反覆的自我確認

而產生的。想要改變，就必須先改變你的信念，尤其是那些隱藏在你心中最深層潛意識裡面的信念。改變潛意識的方法也是我所知道最快速有效，而且持續力最強，又最不費力的方法就是聽——潛意識CD。

原因有三：

第一：你可以在睡覺時，讓積極正面的文字進入你的潛意識。

第二：重覆的次數和時間是改變潛意識的關鍵所在。

第三：因為我們所發行的潛意識CD中含有自我確認詞句，也就是說你一小時所聽到的效果幾乎比任何方法都要好上幾倍，假如你每天聽，連續聽了三個月的話，那就等於聽了上萬句的積極正面詞句，在你腦海中的潛意識裡深根，假如你能夠聽一年、三年甚至十年以上的話，你是否可以想像其效果呢？

世界成功激勵大師安東尼‧羅賓聽了十年以上，成為世界第一潛能激勵大師，號稱亞洲成功學權威陳安之也聽了十年，許多成功者都說過運用潛意識力量的重要，所以不管你曾經運用過何種方法來自我成長，自我突破，沒有一種方法可以抵擋過這些潛意識CD的效果。或許你不相信有效，然而你有沒有想過，萬一有效怎麼辦？萬一有效但你沒有使用，那豈不是損失大了嗎？」

當我介紹完這套潛意識CD的特色和價值後，如果我又加把勁說：「現在不用三千元，只要一千元！」我相信有人會購買，但若我直接說這套潛意識CD要三千元或一千元，甚至三百元，我想會是乏人問津。我試過，即使我報價後再塑造價值，效果也不如預期，因為客戶對價格已有先入為主的想法了。總之，價格一定要放在最後再談，千萬要忍住，我深知這不是很容易，有時太急了會直接說出價格，這等於是把底牌亮出來給對方看一般，因為當客戶還沒有了解這產品的價值時，不管多少錢客戶都不會覺得這樣產品太便宜了！

⑤ 七、大膽開口要求

　　怡君是一家自行車店的門市銷售員，有一天，一對夫婦走進店裡參觀，希望選購一台自行車作為孩子的生日禮物，因此怡君細心地詢問他們的需求，也推薦了幾款適合孩子騎乘的車種，最後，這對夫婦對於某個型號的自行車頗為滿意，但是一看到它的售價後，態度上便有些遲疑了。

　　先生詢問怡君說：「這輛車看起來是挺不錯的，但跟其他類似的車子比起來，為什麼它貴了好幾百元？」怡君說：「是這樣的，這輛自行車的材質經久耐用，而且在設計時，有特別配備了一個特殊性能的剎車器，可以提高騎乘時的安全性。」怡君說完後，不僅解說了煞車器的特點，還現場示範操作，只見先生點頭認同，但太太卻不發一語，似乎仍在考慮。

　　怡君心想，如果要成交的話，一定得獲得這位太太的同意，於是他說：「這輛自行車是很多家長選購給小孩的首選車，畢竟小孩騎車的時候，爸爸媽媽最擔心的都是安全問題。這輛車雖然貴了六、七百元，可是這六、七百元買到的是小孩的安全，光這一點就很值得了。而且這輛車，您的孩子至少可以使用五年，五年折算下來，每一天等於多花不到一塊錢，所以我十分推薦兩位選購這台自行車。不知兩位想要刷卡還是付現呢？」

　　最後，這對夫婦覺得怡君分析得十分有道理，便買下了那輛自行車。

　　敢於要求是銷售成功的關鍵。對於業務員而言，從開發客戶，建立關係，解說產品，持續跟進，一直到成交，有時是一個漫長而辛苦的過程，因此在成功交易的那一刻，總是讓人格外開心，既然業務員始終追求的是贏得客戶的認同，並且讓他們願意付錢購買，甚至轉介紹其他客戶，但是為什麼仍有許多業務員內心對於「要求成交」有著莫名的心理障礙呢？若無法加以克服，就會經常在緊要關頭阻礙了成交。一般說來，業務員在要求客戶決定時，會有以下常見的五種心理障礙：

1. 擔心時機不對，引起客戶反感

　　有時業務員會不斷確認客戶的購買需求、購買意願，但一旦客戶真正有意購買時，卻又擔心要求客戶成交的時機不夠成熟，貿然開口會造成客戶的壓力或反感，所以寧可「靜觀其變」。

　　其實這種心理源自於業務員的「害怕失敗」，畢竟好不容易讓客戶產生了購買意願，怎能不更加謹慎地因應？固然延遲提出要求成交的時機，能夠避免馬上被拒絕的風險，但也表示你得不到一份確定的訂單，更重要的是，延遲提出要求成交並未能提高成交的機率。尤其當客戶已經有意願購買時，正是業務員積極引導、主動提出成交的好時機，過度的謹慎只會讓客戶有更多時間冷卻購買欲，因此，克服這種心理障礙的方式，就是保持平常心，坦然面對結果，不要過分在意成與敗。

2. 期待並等待客戶主動開口

　　通常銷售成交的方式有兩種，一是簽訂合約，二是現金交易，一手交錢；一手交貨，但無論哪一種方式，業務員都不應有錯誤的期待，客戶會主動提出成交要求，我只需等待他們開口。事實上，絕大多數的客戶都不會主動表明購買，即使他們有極高的購買意願，業務員若是不積極提出成交要求，他們也不會採取購買行動，所以在銷售過程中，業務員應牢記自己是引導的角色，並且適時地鼓勵客戶完成購買。

3. 對於自己從銷售中獲利感到有罪惡感

　　這是一種微妙的心理反應，當業務員混淆自身角色的時候，他會把自己當成客戶，並將自己的人生經驗與價值觀投射在商品上，無法以客觀立場向客戶銷售商品，因此他在向客戶推薦自己主觀上不喜歡的商品時，他會認為這似乎是一種欺騙，並對自己從交易中獲得的好處感到罪惡感，繼

而對提出成交要求採取消極態度。

　　事實上，對於客戶而言，業務員提供或推薦的商品，只要能滿足他們的需求就是好商品，而且業務員因為提供服務而獲得銷售獎金，絕對不是錯誤的事情。正如美國行銷策略大師蘿拉・賴茲（Laura Ries）與艾爾・賴茲（Al Ries）所言：「行銷要處理的不是商品本身，而是『認知』。」當業務員產生「錯位」的認知心理時，必須將銷售的著眼點置放於：你如何客觀地為客戶提供滿足需求、解決問題的商品，而不是依據你個人的喜好，主觀地判斷客戶應該會喜歡或討厭哪些商品。

4. 主動要求成交，如同是哀求客戶購買

　　一個業務員主動要求客戶成交時，如果他的內心會產生「這是在哀求客戶購買」的感受，不僅意味著他對銷售業有著錯誤認知，也表示他忽略了自己與客戶之間是平等、互惠的銷售關係，往往這種心理會讓業務員在面對客戶時缺乏自信，不敢提出任何積極性的建議，而且很容易陷入自艾自憐的困境，長期之下，自然會對個人銷售事業的發展有不良影響。

　　身為業務員，你必須瞭解你為客戶提供商品或服務，滿足他們生活上的需求，而客戶也以金錢作為交換與回饋，因此雙方進行的是一場「公平交易」，而唯有正確認知雙方互利互惠的買賣關係，你才能調整心態、展現自信，樹立專業的銷售形象，也才能獲得客戶的信賴。

5. 擔心商品不夠完美，引起客戶事後反彈

　　這是一種複雜的心理障礙，當業務員對自己銷售的商品沒有信心、害怕客戶拒絕、憂慮市場競爭者具有銷售優勢時，經常會在提出成交要求時感到卻步，如果客戶最後沒有採取購買行動，他會將銷售失敗的原因，歸咎於商品的品質有問題，繼而更加否定商品的價值。

在銷售過程中，業務員憂慮自己銷售的商品不夠完美，可說是自尋煩惱，因為世界上沒有百分百完美的商品，客戶所尋求的商品標準也不是「完美」，而是「對自己是否有利、有幫助」。當客戶瞭解商品能夠帶來益處，它就是值得購買的商品，此時業務員若主動提出成交要求，可以促使他們做出購買決策。換言之，業務員若想克服「商品完美性」所造成的心理阻礙，必須清楚認知：完美的商品並不存在，商品的好處卻是可以創造的。

總而言之，只要業務員克服了上述五種阻礙成交的心理，在適當時機，真誠地、主動地勇於提出完成交易的要求，成交機率將會大幅提升，然而，何時才是向客戶提出成交的適當時機呢？業務員從接待客戶開始，就必須留意客戶的反應與態度，以便從中尋找完成交易的好時機，而通常以下三種情境是向客戶提出成交的好時機：

1. 商品解說之後

當你確認了客戶的購物需求，並為對方介紹商品之後，詢問他所需要的商品款式、數量、顏色等條件，將是順勢提出成交請求的好時機。

2. 反對問題處理之後

當處理完客戶提出的反對問題後，運用假設成交法，提出成交要求，往往可以成交。

3. 客戶感到愉悅時

客戶的心情越是輕鬆，購買意願也會隨之提高，此時提出成交要求，將可增加成交的機率。

八、能量高的人會贏

你是否有看過一個小男孩哭著要媽媽買麥當勞給他吃，媽媽最後沒辦法只好順著小男孩，那是因為小男孩能量比媽媽高；若媽媽的能量高過於小男孩，那小男孩就吃不到麥當勞了。

我曾上過一堂六萬元的課程，課程中有一個令我永遠難忘的活動。這個活動是打排球，分四組比賽，但遊戲規則跟一般排球賽不一樣，比方說一方要將球讓每位隊員都碰到後才能讓球過網，而且每場的規則都不一樣，交叉對戰後第一名的隊伍，可接受其他隊伍挑戰，贏者才算是最後真正的第一名，結果我的隊伍本來是交叉對戰後的第一名，但最後竟被另一隊以1：6的比數慘敗。當時我們兩隊都戰戰兢兢，不容許發生任何的失誤，事後檢討，我發現我們兩隊最大的差別在於對方比我們更充滿贏球的企圖心，所產生的能量自然比我們大，課程教練告訴我們，從以前到現在，原本第一名的隊伍，當接受其他隊伍挑戰後從來沒有贏過，最後都是被某一隊奪走最後的勝利。

所以後來我體會到能量高的人會贏。當業務員說服客戶購買時，若業務員能量大於客戶，成交的機會就相當高，反之，若客戶的能量大於業務員，業務員就很難拿到訂單了。能量是一種抽象的東西，你看不到，但可以感受的到，國外曾經做一項統計，一個客戶是否決定跟你購買，決定的時間大約三秒鐘，三秒鐘內你根本還無法介紹自己，頂多說一聲：「Hi！」這短短三秒鐘的時間，客戶會從你的眼神，你全身上下散發出來的能量來決定是否給你一分半鐘，若你在一分半鐘能引起客戶的興趣，客戶會再給你更多的時間。

世界潛能激勵大師安東尼·羅賓說：「當我們需要能量時，就握緊右拳，大聲說：『Yes！』所以我每當去拜訪客戶前我都有一個習慣，我會先去廁所，除了整理服裝儀容外，會對著鏡子握緊右拳大聲說：「Yes」三

次！我可以體會我的能量上升，情緒達到巔峰狀態，因為客戶有時只給我們五分鐘的時間，若能在拜訪客戶前就把自己調整在最佳的生理狀態，在對客戶做簡報時才能馬上進入狀況，沒有時間給你暖身了。所以一個超級業務員，一定要有辦法讓自己保持在巔峰狀態，就像一個即將上場比賽的運動員一樣。

九、調整情緒的速度，決定成功的速度

每個人的情緒都會有高有低，就像鐘擺一樣，左右搖擺。重點在於你是否能快速轉換自己的身心狀態，決定你的績效。因為心情不好也要花時間，然而超級業務員不會讓自己沈淪太久，以下我整理出三種調整情緒的方法以供大家參考：

1. 利用聲音，影片和文字

具體的做法如下：

A.聲音：你可以聽一些能激勵你的歌曲，讓自己的心情隨著音符節奏而變好。

B.影片：你可以看一些能激勵你的電影或短片，讓自己重拾信心，捲土重來。

C.文字：閱讀坊間有關銷售和勵志的書籍，甚至參加相關的演講和課程。

2. 注意力

假如今天我們共同要去參加好朋友的一場生日Party，但你因為臨時有事無法參加，所以我拿著V8拍下有幾個朋友因竟見不合在吵架，拍下有人把客廳搞得凌亂不堪，反正我拍下的都是負面的畫面，請問我把拍下來的

影片寄給你看，你會對這生日Party有什麼樣的感覺和定義呢？反之，如果我拍下有人在彈吉他唱歌，有一群人圍在一起說笑話，拍下的都是一些快樂美好的畫面，請問我把前者拍的影片和後者拍的影片同時寄給你，請問你會怎麼想呢？但是不管怎樣，這兩段影片是不是在相同的一場生日Party拍的？難道我們的人生不是相同的人生嗎？人生本來就有高低起伏，我們對人生的定義完全取決定你大腦裡的鏡頭對準了哪一件事情，而導致於你對你的人生有了什麼樣的定義。

注意力就是焦點，所以今天你可以把焦點放在快樂的事情，也可以放在不快樂的事情上。**你能找到一個理由難過，也一定可以找到一個理由快樂。**完全取決於你的決定。**任何事情沒有一定的定義，除非你給它下了什麼定義。你的注意力在哪裡，你的成就就在哪裡。**

3. 改變肢體動作

世界第一潛能激勵大師安東尼·羅賓說改變一個人情緒最快速的方式，就是改變他的肢體動作。他告訴我們：「當我們需要能量時，就用右手握緊拳頭Say Yes！」所以每當我拜訪客戶或上台前，我都會握緊右拳大聲說：「Yes」！

十、利用五覺銷售

當你在銷售時，可以運用視覺、聽覺、觸覺、嗅覺和味覺來銷售，客戶會更能感覺到產品的優點。

範例一：林先生！現在你看完這間房子了，有沒有看出來這房子格局是多麼地方正，完全符合你的需求呢？

範例二：陳先生！請聽聽看這麥克風唱出來的聲音是多麼清晰、好聽？

範例三： 張小姐！妳可以摸看看這款新手機，無論大小和外型設計是
多麼適合妳，看看這照像功能的解析度，是目前市場上最高
的，再聽聽它所播放出來的音樂，音質是多麼清晰且有立體
感。

之前，我有一個朋友要買車，他只考慮Lexus（凌志）和Luxgen（納
智捷）這兩種品牌，結果有一天Lexus的業務開著新車來到他家樓下，請他
一同出遊。在上山爬坡時，Lexus的業務說：「你感覺一下，當你需要上山
爬坡時，油門只要輕輕踩一點，十足的馬力讓你輕鬆上坡，不用費力踩，
這不就是你想要的馬力嗎？」過了一會兒，Lexus的業務說：「你看你辛苦
工作一整個星期，如果可以開著這麼好的車子，看著這麼優美的風景，帶
著最心愛的家人，這給你什麼樣的感覺呢？」到了目的地時，Lexus的業務
說把車門車窗打開，拿出飲料坐在椅子上，開著汽車音響，跟我朋友說：
「你想想看，你某一天帶著家人來到這裡，欣賞這麼漂亮的美景，呼吸如
此新鮮的空氣，吃著好吃的食物，聽著這國外進口的高級音響所放出來的
音樂，這是多麼幸福快樂的事呀！你說是不是呢？」結果在回程的路上，
我朋友最後竟決定購買Lexus。

適時運用五覺，啟動客戶的感官系統，有助於你的銷售。

史上最恐怖的銷售祕訣

Nine capabilities **salesmen should possess**

你想不想用更省力的方式來銷售你的產品？你想不想讓客戶自己說服他自己？接下來的銷售技巧是本書最精彩部分之一，可能連超級業務員都不一定知道的銷售技巧。

一、銷售是用問的，不是用說的

二次世界大戰的時候，美國軍方推出了一個新的保險方案，這個保險方案是假如士兵每個月交十美元，那麼萬一上戰場犧牲了，將得到一萬美元的賠償。這個保險方案的推出，軍方認為士兵們一定會積極購買。於是他們下令各連，要求每連的連長向大家介紹這種方案，並鼓勵大家購買。

這時其中的一個連，按照上級的命令，把士兵們召集起來，向大家說明這了個方案，可是這個連沒有一個人購買這種產品。連長感到不解：「怎麼會這樣呢？我該怎麼辦？」

其實，士兵的想法是很單純的，在戰場上連命都將有可能沒有了，過了今天不知道明天，我買這個保險還有什麼用呀？十美元還不如買兩瓶酒喝呢！所以大家都不願意購買。

這時，連裡的一個老兵主動請命：「連長，請讓我來向大家解釋一

下這個保險的事情。我有辦法說動大家購買。」連長很不以為然地說：「我都說服不了。你能有什麼辦法呀？但最後他還是同意讓這位老兵試一下。」

這名老兵就站起來對大家說：「弟兄們，我所理解的這個保險的含義，是戰爭開始了，大家都會被派往前線去，假如你投保的話，如果到了前線你不幸被打死了，你會怎麼樣？你會得到政府賠給你的家人的一萬美元；但如果你沒有投這個保險，你上了戰場被打死了，政府不會給你一分錢。也就說你就等於白死了，是不是？現在再請各位換個立場想一想，如果你是政府高層，你首先會派戰死了需要賠償一萬美元的士兵上戰場，還是先派戰死也不用賠一分錢的士兵上戰場呢？」

老兵這一番話說完之後，全連弟兄紛紛投保。很顯然，每一個人都不願成為那個被第一個派上戰場的人。上述的故事，老兵就是運用他的智慧與問話的技巧，成交了所有人。

有一位汽車銷售員，每當他的客戶嫌價格太貴或殺價時，他都會跟客戶說：「我有一個朋友當初為了省十萬元而買了一台較便宜牌子的汽車，結果在一次意外中他的小孩因此受了傷，半年了還沒出院，您覺得是一個人的生命安全比較重要，還是省十萬元比較重要呢？」

有一個保險業務員去拜訪一位董事長，董事長說我的資產已經有好幾億了不需要再買保險了，保險業務員說：「這讓我想到我有一個客戶，也是一家公司的董事長，他擁有許多不動產，資產好幾億，去年因為意外不幸見上帝了，結果遺產稅要繳將近六百萬，董事長，您覺得每月投資五仟元多一份安全保障比較好呢？還是平白無故損失六百萬比較好？」

親愛的朋友！你有沒有發現「問句」的威力是你以前從未發現的呢？

以前我以為銷售就是一直說，說到客戶購買為止，直到我上了一堂課才徹底改變我的想法。課程中告訴我銷售是用問的，不是用說的。你想想

看，如果你要追求一個心儀的對象，你要約對方出去，你會用說的？還是會用問的？當然是用問的，因為要問的才會了解對方在想什麼？

我發現很多公司都在教育業務如何說，卻沒有訓練他們如何問，坊間教大家如何利用問句來銷售的書籍也少之又少，然而頂尖的業務花比較多的時間是在問客戶問題，而不是一直說。他們用問句來引起客戶的興趣，用問句來銷售產品，用問句引導客戶做決定，也許你還不是很了解和體會，沒有關係，我用一個例子來證明。

首先我拿出一副撲克牌，我隨便抽出一張牌，但這張牌只有我知道是什麼，你是不知道的，接下來我會問一些問題，最後你就知道這張牌是什麼了。很神奇吧！接下來請注意我問的問題和你回答的答案。

我問：請問你從以前到現在有沒有玩過或看過撲克牌？

你答：有。

我問：一副撲克牌一共有54張，扣掉二張鬼牌剩下幾張？

你答：52張。

我問：52張牌中你喜歡髒髒的黑色還是熱情的紅色？

你答：紅色。

我問：紅色撲克牌中除了紅磚還有什麼圖案？

你答：紅心。

我問：紅心當中有人像的是不是JQK三張？

你答：是。

我問：那JQK三張是不是有男生還有女生？

你答：是。

我問：如果說J是王子；Q是皇后；K是國王，請問女生是哪一張牌？

你答：Q。

我問：所以答案已經很明顯了，我手上的牌是什麼？

你答：紅心Q。

我說：對答了！

也許你會說那萬一我說我喜歡髒髒的黑色呢？那麼我就會問：「髒髒的黑色的另一種是什麼色？」你一定會說：「紅色。」所以我還是引導你說「紅色。」

不知你是否從這一連串的問句中看出一些端倪呢？

這個例子是要告訴大家，**銷售不是演講，銷售是一連串引導客戶回答自己所想要的答案**。如果你問得有技巧，客戶就會配合你，跟著你的節奏走，若客戶不配合你，那是因為你問得不夠到位。透過問句來銷售有三大好處：

1. **掌握主導權（問問題的那個人擁有主導權）**
2. **用引導的方式，不說教，不強迫**
3. **讓客戶自己說服自己**

那麼，要如何問呢？首先你先將產品的特色和對客戶的好處用肯定句寫出來，再把肯定句改成疑問句，那麼要如何問客戶問題，客戶才會配合你呢？以下我特別整理出問句的七大技巧：

技巧一：先從範圍大的問題開始問

就像之前撲克牌的例子一樣，我先問：「你有沒有玩過或看過撲克牌？」如果你是銷售健康食品，你可以問：「你覺得健康重要嗎？」如果你是銷售保險，你可以問：「你覺得存錢重要嗎？」如果你是銷售課程，你可以問：「你覺得學習重要嗎？」

技巧二：讓客戶回答：「是！對！好！」

所以你的問句一定要是能讓99%的人都會回答：「是！對！好！」否則客戶就不會配合你了。比方說你問客戶：「你想成為億萬富翁嗎？」也許有人不願意，他就會回答：「不想！」因為有人覺得錢夠用就好了，不用成為億萬富翁。如果你換另一種問法：「你想不想過著不用為錢煩惱的生活？」我想99%的人都會回答：「想！」

技巧三：讓客戶二選一

範例一：你想每個月領固定的薪水，還是希望每個月除了固定薪水外，還有三萬到五萬的額外收入？

範例二：透過學習可以縮短一個人摸索的時間和犯錯的機會，你只有兩個選擇，一個是花二十年的時間摸索和犯錯，累積出來的成功經驗；一個是花一天的時間，學習成功者二十年的經驗和智慧，你覺得哪一種比較划算？

範例三：你是反對透過存錢讓自己提早退休，還是不喜歡業務為了業績強迫推銷呢？

技巧四：用問句給客戶痛苦

範例一：你知道你每天都在燒錢嗎？事實上你每個月可以多賺三萬元以上，你知道嗎？

範例二：等到我們退休年紀的時候，才後悔年輕時沒有做好財務規畫，並連累了這個家庭，這是你想要的結果嗎？

範例三：你是想付學費呢？還是想付被淘汰的代價？

技巧五：用問句給客戶快樂

範例一：你想提早退休，過自己想要的生活嗎？

範例二：二十年後，你每個月都有五萬以上的利息可以花，重點是這是在你的預算之內就可規畫的，你要還是不要？

範例三：參加完本課程，並實際運用在工作上，你未來的月收入可以比現在多三倍以上，這不就是你想要得到的結果嗎？

技巧六：在每句肯定句後面加上「不是嗎」或「你說是嗎」

範例一：別人做傳直銷不成功，不代表這個行業不能做，關鍵在於做的方法和心態，不是嗎？

範例二：你可以保持現狀，你也可以讓自己擁有更美好的生活，沒有什麼理由可以阻擋你去追求你想要的，你說是嗎？

範例三：我們現在的結果，是過去的思想和行為造成的，所以要改變未來的結果，就要改變現在的思想和行為，你說是嗎？

技巧七：在句子前加上「你知道…嗎？」或「你知道嗎？」

如果我說：「陳小姐！上課對你來說很重要，會讓你成功。」陳小姐心裡可能會想：「不一定！」但是，如果你換另一種問法：「陳小姐！你知道嗎？有一個課程對你非常重要，會幫助你成功。」同樣的意思，不同的問法效果和感覺大不同。

當你要讓別人知道某件事情，他根本不知道他知道的時候，他會假裝知道，他不會表現出來讓你知道說他不知道的，因為他的內心會告訴自己我不是很笨，所以會假裝他自己知道。

範例一：你知道有一種行業是窮人翻身最快的行業嗎？

範例二：你知道幾乎所有的有錢人都懂得投資嗎？

範例三：你知道嗎？財富取決於你說服他人的能力。

二、銷售痛苦與快樂

世界潛能激勵大師安東尼・羅賓說：「一個人所做的決定，不是追求快樂，就是逃離痛苦。」這個觀念可運用在銷售和激勵夥伴上。

追求快樂是指購買我的商品有什麼好處和價值，所以你要給客戶好處，讓客戶願意追求快樂；逃離痛苦是指購買我的商品可解決我某方面的痛苦。所以你要給客戶痛苦，在傷口上灑鹽，因為人習慣花錢止痛，人也只有在非常痛苦的情況下，才會願意改變。

我舉一個例子，比方說你下班後讀英文，是為了提升自己的競爭力，這是追求快樂的決定；如果因為公司規定，沒有到某個程度則無法加薪或晉升，甚至可能被淘汰，這時你讀英文就是屬於逃離痛苦的決定。再舉一個例子，當初你會購買《業務九把刀》這本書，你可能是想看了之後實際運用在工作上，可以倍增業績，增加收入，這便是追求快樂；你也可能是想最近業績不佳，找到不突破的方法，不想再繼續過著支出大於收入的生活，所以買《業務九把刀》這本書便是你買來要逃離痛苦的。

你知道嗎？根據我的觀察，一般業務都只會跟客戶說購買我的產品有什麼好處，說得又多又好，但是很可惜並沒有說出不購買我的產品會有什麼樣的損失和遺憾。這往往就是客戶為何無法立即做決定的關鍵點，因為現在買和以後再買對我而言似乎差別不大，最多只是價格差異罷了。

關於給客戶快樂和給客戶痛苦，還有一個更重要的關鍵，這個關鍵本來寫好後被我刪掉了，最後我還是決定把它補上，因為這太太太重要了。你有沒有想過，要先給客戶快樂？還是先給客戶痛苦呢？我舉個例子你就會明白了。如果這個月業績你有達到目標，主管或老闆請你吃大餐，地點隨便你挑，金額不限，我相信你一定會非常努力；但是很不幸的，如果你

沒有達到目標，連續七天跪在公司一樓人行道上大喊：我一定做得到！或者剃光頭，我相信你拚了老命也一定非達成目標不可，因為你不想跪在人行道上，被來來往往的陌生人指指點點，受盡折磨，因為你不想沒有頭髮，實在太難看了，叫我如何見人呀！所以答案已經很明顯了，**你要先給客戶痛苦，再給客戶快樂**。這順序很重要。因為如果先給客戶快樂，再給痛苦的話，那種層次落差感根本出不來，在銷售力道上就會差那麼一點。所以你一開始要先給客戶一點痛苦，再給一點快樂，再擴大痛苦，再擴大快樂，再給客戶更大的痛苦，再給客戶更大的快樂，就這樣將逃離痛苦和追求快樂交叉運用，直到成交為止。

　　當你向客戶呈現的痛苦越大或快樂越大，客戶越快且越容易跟你購買。我將上述技巧歸納成三大公式：

公式一：逃離痛苦＋追求快樂＋重覆

　　重覆的意思是「逃離痛苦」和「追求快樂」連續交叉使用。

● 你想要繼續過著每個月錢不夠用的生活嗎？（逃離痛苦）

● 你真的受夠了現在的生活嗎？（逃離痛苦）

● 如果你每個月除了上班的收入外，還有額外的收入讓你過著快樂的生活，這是你想要的嗎？（追求快樂）

● 你每個月擁有的收入可以讓你不用再為錢而工作，你可以有更多的時間陪你愛的人，有更多的時間去做你想做的事，這是你渴望的嗎？（追求快樂）

● 如果你還沒有下定決心，你還要讓你的另一半等多久呢？（逃離痛苦）

● 如果你可以讓妳的另一半和你一起過著你們想要的生活，你的另一半會有多愛你呢？（追求快樂）

● 如果現在有人可以幫助你，你願意給自己一次機會嗎？

公式二：過去痛苦＋現在痛苦＋未來痛苦＋現在快樂＋未來快樂

● 過去你因為不懂得銷售和行銷的方法，導致你損失了多少錢？

● 如果你現在還不願意投資大腦去上課學習，你未來會繼續損失多少錢？

● 你願意讓自己這樣繼續下去嗎？

● 如果你十年前就知道這些方法，現在你的生活會有多麼美好？

● 當你現在開始學習新的方法，未來一年後你的生活會不會有所改變呢？

● 當你持續學習，持續使用這些新的方法和技巧，未來你可不可以買你想要的車子，住你想要的房子，去你想要的國家？過著你嚮往的生活呢？這些都是你渴望想要的嗎？

公式三：

一、為什麼你還沒有行動？

二、不行動對你有什麼好處？

三、長期不行動對你有什麼壞處？

四、現在就行動對你有什麼好處？

五、你什麼時候開始行動對你比較好？

範例：加入傳直銷

業務：除非你不認同，否則你早就加入了，我可以了解一下原因嗎？

客戶：我有一些顧慮。

業務：沒有加入對你有什麼好處呢？

客戶：可以少花錢啊！

業務：如果你一直沒有採取行動，對你有什麼損失你知道嗎？

客戶：不知道？（業務要告訴客戶有什麼損失）

業務：你知道現在加入對你有什麼好處嗎？

客戶：不知道？（業務要告訴客戶現在加入對他有什麼好處）

業務：既然如此，你覺得以後再加入對你比較好呢？還是現在就加入對你比較好？

客戶：現在吧！

此技巧除了可運用於銷售上，更可運用在激勵自己和夥伴上。

範例：

你可以問自己：為什麼我還沒有行動？

自己：因為我害怕客戶拒絕我，所以我還沒行動。

你可以問自己：不行動對我有什麼好處？

自己：沒有任何好處，若要說好處，只有一個，那就是在自己的舒適圈，不用在意和面對客戶的反應。

你可以問自己：長期不行動對你有什麼壞處？

自己：沒有新客戶，沒有業績，沒有錢，沒有動力，客戶被競爭對手成交了……

你可以問自己：現在就行動對我有什麼好處？

自己：不會浪費生命，有機會成交客戶，有業績，有錢，比競爭對手搶先一步……

你可以問自己：什麼時候開始行動對我比較好？

自己：現在！

總之，**我們要用問的給客戶痛苦，用問的給客戶快樂，用問的來回答客戶的反對問題，用問的來銷售產品，用問的來引導客戶做決定。所以銷售是用問的，不是用說的，銷售是一連串問問題的熟練度。**只要你把問的能力練到爐火純青，那麼成交對你來說簡直是易如反掌。

客戶最關心的十大領域

Nine capabilities **salesmen should possess** 3

我相信沒有一個業務不曾被客戶拒絕的，就算是帥哥美女也會被拒絕，對於客戶所提出的反對問題，**我喜歡把「反對問題」換成「關心的領域」**，因為在我的大腦裡，**客戶沒有反對問題，只有關心的領域。**

根據我的經驗，「錢、效果和時間」是客戶內心真正的三大「關心的領域」，但最後你會發現最終只會歸到只有一個「關心的領域」，那就是錢的問題，而錢對於客戶來說只是意願和決心的問題罷了。

於是我將業務最常遇到的十大關心的領域整理出來，並寫出如何回應，當然，破解之道和話術很多種，我提供的不一定最好或最適合你，你可以自行研擬一套破解之道和話術，只要能解決客戶關心的領域就是好方法，若你有更好的話術也歡迎來信指教。客戶十大關心的領域如下：

一、客戶說：我不需要！

事實上，這句話的背後是客戶在暗示你，為何我現在就需要你提供的產品或服務？

業務：我了解你的意思，你知道嗎？這世界上有很多業務員對他們的產品很有信心，他們也有很多理由說服你購買他們的產品，當然你可以對

他們說不，但是對我而言，沒有人可以拒絕我，因為你拒絕的不是我，而是在對你未來美好的生活和財富說「不」！如果你有一個非常好的產品，客戶又非常的需要，你會不會因為客戶一點小小的問題而不提供給他？我相信你一定不會，同樣的，我也不會。

（接下來還是要建立彼此的信任感和了解客戶的需求，才能打動客戶的心。）

說明：

有時客戶會不好意思當下馬上拒絕你，反而給你一個機會介紹你的產品，當你介紹完產品或服務時，他會告訴你：「不好意思！我不需要！」這時你可以用以上的說法與客戶溝通。

如果是還沒來得及介紹產品或服務就被客戶拒絕，你可以說：「今天我不是來銷售任何產品給你的，如果產品的價值能解決你的問題，得到你預期的結果，你希望我什麼時候跟你介紹？」

二、客戶說：先寄資料！若有需要我再跟你聯絡！

事實上，客戶是在暗示你，我現在在忙，為何一定要先跟你見面？

業務：我了解您的意思，請問您是要「郵差送」還「親自送」？您知道嗎？我們的資料都是精心設計的，必須配合我的解說，所以我就是最好的資料，為了節省您的時間，最好的辦法就是看您哪一天有空，只要十五分鐘，您就可以發現透過我提出的解決方案可以解決貴公司哪些問題，對您來說只有好處沒有損失，不知您下星期一或星期二哪一天有空呢？

說明：

基本上，寄資料給客戶這件事除非不得已，否則盡可能跟客戶約到見面談，因為寄出去之後根據我的經驗，大部分都是石沈大海。如果你要寄資料，當你寄出資料後二十四小時內，你一定要確認對方是否有收到，並

想辦法約到客戶見到面。

♫ 三、客戶說：我最近很忙！沒時間！

事實上，客戶是在暗示你，為何要把時間空出來，趕快跟你見面？

業務：太棒了！我最喜歡和忙的人交流了。你喜歡每天都很忙嗎？就是因為你很忙，我才要跟你分享如何擁有更多時間的方法？其實我們每個人都有時間，只是每個人對時間的使用價值不同，如果我給你一塊錢，請你從台北車站東門走到西門，我相信你會說你沒時間，沒興趣，那是因為這件對你沒有價值；但是如果我給你一千元，我相信你就有時間了不是嗎？成功的人都是懂得安排和規劃時間，現在就讓我們來規畫一下時間吧！請問你明天或後天哪天有空？

說明：

一般來說，忙！只是客戶不想跟你見面的藉口，他不想被你推銷，所以你要想一個能夠吸引對方見面的理由，例如：分享一個對你有幫助的資訊，分享我最近做了什麼事，讓我的人生變了很多，分享某某公司用了我們的產品有了很大的變化……等。

你也可以不用理會他的藉口，直接說：「你放心！我不會銷售任何東西給你，除非你有需要，我只是想跟你分享為什麼全世界有超過三百萬人都在使用這間公司的產品，你難道不想知道這產品如何讓一個人更健康、更美麗嗎？」

♫ 四、客戶說：現在不景氣，以後再說吧！

客戶這樣說是在暗示你，現在沒有錢也不急，為何要現在決定購買而不是以後呢？

業務：我明白你的意思，你知道嗎？這世界上有很多成功者，都是在

經濟不景氣時做下一個正確的決定，建立他們成功的基礎，因為他們看到的是長期的機會，而不是短期的挑戰。同樣的，今天你也有一個相同的機會，我相信你也會做出一個相同的決定對吧！

說明：

「現在不景氣」這句話只是一個藉口，不景氣的時候，有人成功，有公司獲利，郭台銘說：「經濟不景氣，讓我渾身是勁。」所以重點不是景氣問題，而是你怎麼做，不是嗎？

五、客戶說：目前沒有預算！

客戶這樣說是在暗示你，為何現在需要購買？

業務：我知道每個人（或每間公司）都有預算，而預算是幫助個人（或公司）達成目標的重要工具，但是工具本身是有彈性的，我們的產品能幫助您（或貴公司）提升業績並增加利潤，還是建議您根據實際情況來調整預算。當我們討論的這項產品能幫助您（或貴公司）擁有長期的競爭力的話，聰明的你（或作為一個公司的決策者），我想在這種情況下，你是願意讓預算來控制你呢？還是由你自己來控制預算？

（接下來說明為什麼這產品對你或對公司來說是必需的，而且是刻不容緩的。）

說明：

當一個人或一間公司覺得沒有迫切需要時，就會用沒有預算來回應你，這時，你要讓客戶知道，為什麼這產品對你或對公司來說是必需要的且刻不容緩的，並讓客戶感受到沒有購買將會有很大的損失。

六、客戶說：太貴了！

客戶這樣說是在暗示你，他不清楚為何你的產品值這個價格？

業務：我了解你的意思，我很高興你提出這樣的問題，因為那是我們最吸引人的優勢之一，我相信你會同意，價格固然重要，然而我們購買的不是產品的價格，而是它能為我創造什麼價值不是嗎？如果你花一千元，但卻為你帶來了一萬元的價值，你不但沒有損失反而賺到了不是嗎？價格是一時的，價值是永遠的，我相信你對價值比較有興趣對吧！

（接下來你可以加強塑造產品的價值，讓客戶明白他購買的產品簡直是物超所值。）

說明：

告訴客戶你的產品或服務是多麼地物超所值，因為唯有當價值大於價格時，客戶才會覺得便宜。另外，「貴」看是跟什麼比，你可以和另一個同質相似的產品比，來突顯你的產品比別人便宜，或者換算成每天只要投資多少錢即可擁有。

七、客戶說：別家比較便宜！

客戶這樣說是在暗示你，他想知道為何要跟你購買而不是跟別人購買？

業務：我知道，別家產品可能比我們便宜，然而你知道嗎？這世界上，我們都希望以最低的價格，買到最高的品質，擁有最好的服務，但是到目前為止，我還沒看到可以用最低的價格，買到最高的品質，並擁有最好服務的公司和產品，就像賓士車，是無法用裕隆的價格買到是一樣的，不是嗎？

（接下來，你要分析自家產品和競爭對手的差別。）

說明：

客戶也許只是隨便亂說的，所以千萬不要隨便降價，清楚讓客戶知道你買到的不僅最適合且符合你，價格也是最優惠的。

八、客戶說：我再考慮一下！

客戶這樣說，是他想知道為何要現在馬上決定購買，現在購買對客戶有什麼好處？

業務：我了解你的意思，是不是我說明得不夠清楚，讓你需要再考慮一下呢？那就讓我再說明一次這產品對你的好處吧！

（如果客戶回應說：我了解這產品的優點，但我還是要再考慮一下，若我確定要買，我再與你聯絡好了。）

業務：我了解你的意思，你這麼說該不會是要逃避我吧？請問你要再考慮的原因是因為我們公司嗎？還是產品本身嗎？又或者是我的問題嗎？還是錢的問題呢？我相信你絕對不會因為每天投資這麼一點點錢，來阻礙你未來美好的生活對吧？

如果客戶還在內心交戰，你可以說：「如果你走路時看到地上有一張千元的鈔票，你會不會把它撿起來？這是一個在你眼前唾手可得的機會，就如同我現在告訴你現在這個機會一樣，我相信你不會因為下一條路上躺著一張千元鈔票就不會撿眼前這張對吧？如果你現在放棄眼前我提供給你的大好機會，就等於是不撿眼前這張千元鈔票。請問你現在是撿還是不撿？」

說明：

除了要讓客戶覺得這是必須購買的產品外，你還要讓客戶深刻感受到現在買跟以後買有什麼天壤之別。否則，為什麼客戶現在要決定。

🌀 九、客戶說：能不能再算便宜一點？

客戶是在暗示你這樣說，是在擔心自己是否買貴了？或者想要取得更低的價格！期望可以拗到什麼優惠。

業務：我也很想再算你便宜一點，然而這個價格對你來說，我已經給你最優惠了，我相信你一定可以認同產品的品質、售後服務和符合你的需求，這些都是非常重要的因素，雖然我無法再便宜給你，但這已經是最符合你且最物超所值的方案了，不是嗎？（如果有贈品，你可以用贈品來成交客戶。）

說明：

有時客戶只是一種試試看的心理，心裡盤算著搞不好可以得到什麼好處？若沒有也沒關係。所以千萬不要輕易降價，你可以試探性地問客戶：「請問我再降價的話，你現在就會買嗎？」

🌀 十、我想退費或不買了

客戶是在暗示你，我後悔了，如何讓我覺得當初的決定是對的。

業務：我了解，請問當初你為何會想要購買這樣產品呢？當初不是想要提升自己的能力嗎？是不是我哪裡服務得不夠好呢？你覺得哪一種才是長遠性對你來說比較有幫助呢？是不要參加對你的事業發展或者是業績成長有幫助，還是秉持當初報名的初衷去參加對你的事業或業績有幫助呢？你自己比較一下喔！

說明：

把焦點放在為何當初會購買，而不是一直問客戶為何不買了？讓客戶自己影響自己。

然而其實是有方法避免這種情況發生的，每當客戶填完訂單後，你可以問客戶一個致命的問題：「請問你今天為何要購買？為何跟我買？過

去是否有人介紹過這項產品給你，你為何當初沒跟他買？最後又為何跟我買？」問這些問題的目的是讓客戶再一次說服自己一次，讓客戶明白不是你逼他買的，以避免事後發生什麼反悔事件。

有一次我問客戶：「為什麼妳會願意購買？」她說：「因為只有我跟她有繼續保持聯絡，其他業務都沒有跟她聯絡。」

另外跟你分享一個好點子，每當你面對客戶所提出的反對問題，你可以將它全部記錄下來，並寫下如何回答，經驗累積多了就變成一本Q&A手冊。除了自己看之外，還可以用來訓練夥伴們。

練功坊

❶. 寫下客戶為什麼一定要跟你購買的五十個理由。

❷. 寫下客戶沒有跟你購買會有哪五十個損失。

❸. 熟練靈活運用問句七大技巧和三大公式。

❹. 收集和整理一些有助於你銷售的故事，練習講給客戶聽。

第4章

八卦紫金刀
如何做好市場行銷

Nine capabilities
salesmen should possess

八卦紫金刀

源自於金庸小說──《飛狐外傳》。

行銷的最高境界就是讓客戶幫你賣，以一傳十，十傳百的方式，就像八卦一樣，快速散播出去。

行銷是什麼呢？現代行銷學之父菲利浦・科特勒（Philip Kotler）說：「個人或群體，透過創造、提供、交換產品或價值來得到他們所需的社會過程。」

銷售是把產品賣好，行銷是把產品變得好賣。所以業務員如果希望業績能更好，除了要會銷售外，還要會行銷，而**市場行銷的目的就是在最短的時間讓最多的人知道你產品或服務，進而向你購買**。如果你想賣出更多的產品，如果你想讓更多的人，更快速知道你和你的產品，你就必須學會行銷，否則你的競爭對手會超越你，就像知名的未來派畫家艾爾弗雷德・托夫勒（Alfred Tomer）有句名言：「如果你沒有制定策略，你將永遠處於被動位置，而且永遠是別人策略的俘虜。」

在本章節，你將會學到：

1. 了解自己行銷指數有多少
2. 市場行銷三大方向
3. 一百個倍增業績的有效戰術
4. 讓客戶主動找你的十六個致勝策略

你的行銷指數有多少

Nine capabilities **salesmen should possess**

管理學大師彼得・杜拉克（Peter Ferdinand Drucker）的名言：「除了行銷和創新能創造更多客戶和利潤，其他的一切都是成本。」

多年來我一直在研究和尋找更多提升業績的行銷方法，於是我建立了以下五十五個問題，以幫助個人或企業自我診斷。這些問題非常直接但也具有高深的內涵，我誠摯地邀請你完成下列試題，在你回答完這些問題後，你就會清楚目前你所處的狀況，同時你也可以了解日後需要採用什麼樣的行銷策略和如何改善，並使你或企業的業績倍增兩倍、十倍或甚至更多。試題如下：

1. 你目前正在使用多少種不同的行銷方法？
   A. 1種（1分）
   B. 2~4種（2分）
   C. 5種以上（3分）

2. 在過去一年內，你曾經嘗試過多少種新的行銷方法？
   A. 無（0分）
   B. 1種（1分）
   C. 2~4種（2分）
   D. 5種以上（4分）

3. 在你的企業中，有多少種轉介紹系統在使用？

A. 無（0分）

B. 1種（1分）

C. 2~5種（2分）

D. 6種以上（4分）

4. 你估算過你的客戶流失率嗎？

A. 完全沒有（0分）

B. 只算過一次（1分）

C. 不定期／定期會算（3分）

5. 你有沒有一些降低流失率或保持現有客戶的策略？

A. 沒有（0分）

B. 有（2分）

6. 你有沒有對潛在客戶和現有客戶建立一個完整的資料庫呢？從中可以清楚了解客戶的姓名、聯絡方式、公司名稱、過去購買記錄以及他們需要什麼或不需要什麼等資料？

A. 沒有（0分）

B. 不完整（1分）

C. 有（3分）

7. 你有充分利用上述資料庫，對於不同的產品或服務，針對潛在客戶和舊客戶採用不同的行銷方式嗎？

A. 沒有（0分）

B. 有（3分）

8. 你清楚你所有（或大部分）客戶來自何處嗎？

A. 不清楚（0分）

B. 清楚（2分）

9. 你知道你新的大客戶在哪裡嗎？知道如何去開發嗎？

    A. 不知道（0分）

    B. 知道（2分）

10. 在你的業績當中，有沒有至少25%的部分是來自別人介紹的呢？

    A. 沒有（0分）

    B. 有（2分）

11. 平均每月你所得到別人介紹的客戶數量是在逐步增加呢？還是降低呢？

    A. 降低（0分）

    B. 增加（2分）

12. 你是否有定期蒐集客戶見證的故事？

    A. 沒有（0分）

    B. 有（2分）

13. 如果有，你目前有多少個客戶的成功見證？

    A. 0~5個 （1分）

    B. 6~10個（2分）

    C. 11~20個（3分）

    D. 21以上個（4分）

14. 你在你所有的市場行銷推廣中是否充分有效利用了客戶見證？

    A. 沒有（0分）

    B. 不多（1分）

    C. 充分利用（3分）

15. 在你所屬的行業領域中有知名的人物推薦你或你的企業嗎？

    A. 沒有（0分）

    B. 有（2分）

16. 你或你的企業被他人推薦過多少次呢？

A. 無（0分）

B. 1~3次（1分）

C. 4~9次（2分）

D. 10次以上（3分）

17. 你現在是否有與他人合作的關係？

A. 沒有（0分）

B. 有（2分）

18. 如果有，那麼你現在共有多少個合作關係？

A. 1個（1分）

B. 2~5個 （2分）

C. 6~10個 （3分）

D. 10個以上（4分）

19. 你有反覆測試不同行銷標題或內容嗎？（EX：DM標題，文宣內容等。）

A. 沒有（0分）

B. 有（2分）

20. 如果有，在過去一年內你成功試過多少種不同的標題或不同的行銷內容？

A. 1個 （1分）

B. 2~9個 （2分）

C. 10~20個（3分）

D. 21個以上（4分）

21. 你平均每隔多久聯絡一次你的大客戶？

A. 從未聯絡（0分）

B. 平均半年（1分）

C. 平均每季（2分）

D. 經常聯絡（3分）

22. 你是否有後續的產品或週邊產品使你的客戶持續購買？

　　A. 沒有（0分）

　　B. 有（2分）

23. 如果有，你能提供多少種呢？

　　A. 1~2種 （1分）

　　B. 3~9種 （2分）

　　C. 10種以上（3分）

24. 你有利用風險逆轉的策略嗎？（風險逆轉就是把客戶購買的風險降到最低的一種行銷策略，EX：不好吃，免費！）

　　A. 沒有（0分）

　　B. 有（2分）

25. 如果有，你嘗試過多少種方式？

　　A. 無（0分）

　　B. 1種（1分）

　　C. 2~4種（2分）

　　D. 5種以上（3分）

26. 你是否有提供贈品或誘人的促銷方案來行銷你的產品或服務？

　　A. 沒有（0分）

　　B. 有（2分）

27. 你有使用電視、廣播電台、報紙或雜誌等媒體來行銷嗎？

　　A. 沒有（0分）

　　B. 有（2分）

28. 你有錄製或剪輯媒體刊登的廣告來製作行銷工具嗎？（EX：把雜誌刊登的廣告加入業務銷售資料夾中）

A. 沒有（0分）

B. 有（2分）

29. 你有透過撰寫文章或出版書籍來行銷嗎？

A. 沒有（0分）

B. 有（2分）

30. 你是否有一些有效客戶名單來進行簡訊行銷、電子郵件行銷、電話行銷或是DM行銷？

A. 沒有（0分）

B. 有（2分）

31. 你是否有利用社群媒體工具（EX：Facebook）來經營粉絲，曝光產品資訊呢？

A. 沒有（0分）

B. 有（2分）

32. 你是否有一個有效的方法來不斷增加潛在客戶的名單？

A. 沒有（0分）

B. 有（2分）

33. 你是否有多種管道來吸引潛在客戶成為你的客戶，如果有，這樣的管道有多少種？

A. 2個（1分）

B. 3~5個（2分）

C. 6~8個（3分）

D. 9個以上（4分）

34. 你為個人或企業創造過多少種競爭優勢？

A. 沒有（0分）

B. 1個（1分）

C. 2~5個（2分）

D. 6個以上（3分）

35. 你是否有一個能在成功獲得新客戶後，靠後續銷售來增利潤的方案？

　　A. 沒有（0分）

　　B. 有（2分）

36. 如果有，你有多少種方案？

　　A. 1個（1分）

　　B. 2~3個（2分）

　　C. 4個以上（3分）

37. 你是否有定期教育並保持聯繫你的潛在客戶和現有客戶？

　　A. 沒有（0分）

　　B. 有（2分）

38. 你是否認為你的行銷策略對於潛在客戶而言是難以抗拒的？

　　A. 不是（0分）

　　B. 是的（2分）

39. 目前共有多少通路在行銷你的產品或服務？

　　A. 1個（1分）

　　B. 2~5個（2分）

　　C. 6~10個（3分）

　　D. 10個以上（4分）

40. 你的行銷活動是否有包括舉辦講座或新產品發表會？

　　A. 沒有（0分）

　　B. 有（2分）

41. 你是否定期研究競爭者的產品和他們的行銷策略或者了解你們之間的差別？

A. 沒有（0分）

B. 有（2分）

42. 你是否定期統計分析不同行銷通路的業績結果？

A. 沒有（0分）

B. 有時（1分）

C. 經常（2分）

43. 你是否有一個完整的電子郵件行銷策略來持續跟進？

A. 沒有（0分）

B. 有（2分）

44. 你是否研究過競爭對手的行銷策略？

A. 沒有（0分）

B. 有（2分）

45. 如果研究過，那麼這些策略是否有比你現在的策略能夠提供更好的效果？

A. 沒有（0分）

B. 有（2分）

46. 你的行銷宣傳是重於產品能帶來的好處還是產品的特質？

A. 特質（0分）

B. 好處（2分）

47. 你知道客戶為什麼向你購買的最主要原因嗎？

A. 不知道（0分）

B. 知道（2分）

48. 你知道客戶為什麼不向你購買的最主要原因嗎？

A. 不知道（0分）

B. 知道（2分）

49. 你是否有一個明確有效的解決方案來解決客戶的抗拒點？

    A. 沒有（0分）

    B. 有（2分）

50. 你是否清楚你或企業所擁有的獨特賣點？

    A. 不知道（0分）

    B. 知道（2分）

51. 你每隔多久會投資時間和金錢去學習如何提升業績和增加利潤？

    A. 從未（0分）

    B. 每年一次（1分）

    C. 半年一次（2分）

    D. 經常（3分）

52. 你是否真的了解並能清楚描述出你或企業目前所遇到在行銷上最大的障礙？

    A. 不能（0分）

    B. 不太確定（1分）

    C. 可以（2分）

53. 你是否知道目前你或企業最大的利潤來自哪裡？

    A. 不知道（0分）

    B. 知道（2分）

54. 你是否有運用以物易物的方式，以零成本的方式來宣傳你的產品或服務呢？

    A. 沒有（0分）

    B. 有（2分）

55. 你是否有讓客戶增加單筆購買金額的行銷方案？

    A. 沒有（0分）

    B. 有（2分）

非常好！你已經回答了所有的問題，請根據每題你所選的選項後面的分數，將分數全部加總，現在就來看看你的行銷指數吧！

C級：總分在35分以下

代表目前你的行銷非常薄弱，同時也表示你個人或企業運用更多行銷策略後業績成長的可能性非常大。

B級：總分在60分到89分之間

代表你的行銷做得還可以，你個人或企業可以運用更多行銷策略來帶動業績成長。

A級：總分達到90分或以上

那麼恭喜你！你的行銷做得不錯，應該有很不錯的業績表現。其實你還可以更好，請參考本章節所提供的行銷策略。繼續努力！

市場行銷的三大方向

Nine capabilities **salesmen should possess**

無論個人或企業，我們可以想出超過一百種以上的行銷策略，但整理歸納後，其實可以歸納成三大方向，也就是說無論你是用了哪一種行銷策略，都脫離不了以下這三大方向。所以業務員在為你的產品擬訂行銷策略時，可以從這三大方向去思考：

一、增加客戶數

奇異電器（GE）前執行長傑克‧威爾許告誡他的員工：「企業無法給你們工作保障，唯一能給你們工作保障的只有客戶。」所以無論你的銷售對象是個人，還是企業，都需要不斷增加客戶數。其方法很多種，以下列出五種方法以供大家參考：

1. 與人合作

在我從事教育訓練課程推廣工作時，我曾經跟一家印製名片的公司合作。我建議他若客戶一次訂購五盒名片，就送我們公司提供的演講票（價值2000元），由於他們常常都會用信封袋寄廣告文宣給客戶，所以我又請他們把一次訂購五盒名片的優惠活動DM放進信封袋裡一併寄送，在這個過程中我沒有花任何費用，演講票和優惠活動DM的印刷成本都是由他們負

擔。後來他們有客戶一次訂了十盒名片，並拿著演講票來參加我們辦的活動，幫我帶來了人潮和業績。在這整個過程中。印刷公司增加營收，我增加了業績，客戶聽了演講增加了知識，創造三贏，各得其利。

2. 出書

書是最好的名片，也是最好的DM。業務員業績不佳其中一個原因是你認識的人不夠多，或認識你的人太少，所以如果你希望有更多的人認識你和你的產品，出書是你所有倍增業績的方式之一。你可以選擇門檻較低的自資出版。出書有以下十二大好處：

1. 有機會變成行業中的明星
2. 有機會獲得許多合作的機會
3. 有機會讓別人主動購買你的產品
4. 有機會讓別人自動的加入你的團隊
5. 有機會得到媒體的注意，免費宣傳
6. 有機會獲得許多代言的機會
7. 有機會獲得許多公眾演說的機會
8. 有機會獲得被動收入
9. 快速打開陌生市場，因為書就是我的名片
10.建立個人的品牌
11.建立更多的人脈
12.宣傳你的目標、使命和理念

3. 網路行銷

網路行銷打破時間和空間的限制，又具互動和即時性，是現代不論大企業、中小企業和個人都紛紛使用的行銷手法之一。

我有一個做傳直銷的朋友，她經營部落格已有超過五年以上的時間，你知道嗎？有些客戶是看她的部落格而來的，其中有一個客戶是看她的部落格看了一年，才決定購買她的產品。所以在今日幾乎人人都會上網且手機上網日漸普及的時代，網路無國界，網路行銷是你開發新客戶不可或缺的方式。

另外，房仲業務是最常利用網路行銷的行業之一，投資一點金錢打廣告，只要成交一間房子，投資成本就通通賺回來了。

4. 美女行銷

有人說：「病人的多寡取決於護士美麗的程度。」板橋地方法院附近一家中醫診所，每天中午診所內近十名年輕護士，都穿著粉紅色裙裝護士服，露出修長美腿，齊聚門口拍手高呼「瘦身窈窕不是夢，大家一起來減重」的口號，不但路人止步圍觀，汽車駕駛也停車探頭，有人直說：「賞心悅目！」也有人說：「美化市容，真不錯！」希望不要造成交通事故就好。

另外，像每年的電腦展或資訊展，有些業者會請一些年輕辣妹在展場走秀或主持，所以你會看到許多男士拿著手機或相機猛拍。這些都能吸引客戶的注意與興趣，進而增加營收。

5. 風險逆轉

基本上人們購買東西會猶豫、會思考，是因為他們害怕做錯決定，他們怕有風險，如果我們把風險降到最低，甚至沒有風險，客戶就會很快做決定。例如：我銷售的產品是清潔用品和化妝品，如果我同意六十天內客戶使用後不滿意，客戶可以把清潔用品和化妝品退回給公司或是換其他產品，我想基本上客戶都很難抗拒的，因為客戶沒有損失。

另外，銷售課程的公司也常常利用風險逆轉，當你參加完課程後不滿意，可申請退費，這就是他們所採用的100%保證滿意讓風險逆轉的策略。

二、增加客戶消費的頻率

如果你成交一個客戶，而這名客戶一輩子只跟你買一次，跟你成交一個客戶，而這客戶一年內又跟你買了三次，你覺得哪一種比較好？

有些從事主機代管的公司，他會先租主機給你，有了第一次生意後，他會再問你需不需要關鍵字廣告，之後他又會再提供其他商用軟體給你，也就是說你可能跟這家公司買了三樣產品，甚至更多。

很多餐廳、書店、腳底按摩店、美髮店和飲料店等店家會在你消費後送你折價券或紅利積點卡，限下次使用，甚至有使用期限，所以你原本平均兩個月來一次，但為了使用這張折價券，你會不到兩個月又再來一次，甚至更多次，如此一來，店家就得到他想要的結果了。

還可利用辦讀書會、講座、回娘家等活動，把舊客戶再重新聚集在一起，再銷售其他產品給他們。

三、增加客戶單次消費金額

很多店家也使用此策略，像麥當勞，你點一個套餐，服務生會問你：「先生！要不要加五元中薯變大薯，先生！我們現在只要加二十九元，就可享有麥克雞塊」。業者抓住了消費者貪小便宜的心態，所以有一定比例的消費者會因此而加價購買。百貨公司的櫃姐也是，她們往往會在客人買了一樣之後，就鼓吹他們再加購產品，就可以再加贈滿額禮。

新絲路網路書店有時也會推出加購價的購書活動，比方說再加39元，就可以加買一本原價299元的書。喜歡撿便宜的會員就可以一次購買好幾本39元的書，仔細精算會覺得非常划算。

台灣最大的便利商店7-11平均客單價位於四十元到六十元之間，有一次推出購物滿七十七元送Hello Kitty磁碟，共有三十一種，這個活動讓7-11業績暴增數十億元。萊爾富推出買兩件再加十元即可獲得小熊維尼。全家便利商店推出第二件商品打五折。這些都是在增加客戶單筆消費金額所採用的策略。

　　有些雜誌或期刊出版品，業務員會希望你一次訂購一年、二年，甚至三年，而不是只有半年或一個月。

　　便利商店和大賣場的結帳櫃台都會放一些巧克力、口香糖、電池等產品，當你結帳時你會不經意多看一眼，你可能會忍不住又多買了一點。當你在逛大賣場時，手扶梯的兩側還放者菜瓜布和零食，也會讓你抓幾包放到購物車裡。

　　當你同時做到**增加客戶數，增加客戶消費的頻率和增加客戶單次消費金額**這三件事後，你或企業的業績肯定能倍增好幾倍，但是如果你通通都沒做，那麼你或企業肯定就會做得很辛苦。

你一定要知道的一百個行銷戰術

Nine capabilities **salesmen should possess**

行銷，就是要讓消費者忘記價格，讓消費者動情，讓消費者認識你並記得你。所謂戰術是為了達成某目標而所做的事情。戰略是大方向，而戰術是如何進行，是戰略的細節。以下特別整理出業務員或企業常用的一百個行銷戰術：

1. 我是誰？我的定位？定位就是給客戶的形象感覺。

2. 我過去完成了什麼事績或創造了什麼記錄？

3. 如何證明我講的是真的？

4. 我和競爭對手有何不同？

5. 我能提供什麼東西是競爭對手所沒有的？

6. 我能提供什麼是競爭對手有，而我做的比競爭對手更好的？

7. 我未來準備再提供什麼？

8. 說明產品對客戶帶來的好處和價值。

9. 說明為什麼要跟我買。

10. 說明為什麼要現在立刻馬上買。

11. 使用風險逆轉，降低客戶購買的風險，甚至無風險。客戶不購買是害怕做錯決定，你越能降低客戶購買的風險和損失，客戶購買決策的速度就越快。

12. 讓客戶很容易購買你的產品。

13. 預付儲值，先付款，後享受。

14. 限時，限量，限價。

15. 電子郵件自動回覆系統。

16. 後續產品銷售。

17. 折價券／電子禮券發送。

18. 出書／有聲書／ DVD。

19. 以物易物，廣告交換。

20. 提供免費商品或免費服務，「免費」是個神奇的字眼。

21. 舉辦有獎徵答或抽獎活動。

22. 設計套裝產品。

23. 設計高價和低價的產品。

24. 網站上設計一個能吸引客戶留下基本資料的小活動。

25. 累積點數換贈品。

26. 轉介紹回饋機制。

27. 夾報。

28. 發新聞稿。

29. 提供客戶見證。

30. 滿額禮／加價購。

31. 加入名人推薦。

32. 申辦會員卡。

33. 強調產品的獨特賣點（Unique Selling Proposition）。獨特賣點就
    是只有我有，別人沒有，而這個賣點或好處又是客戶所需要的。

34. 提供客戶免費試用一段時間。

35. 提供客戶試用品。

36. 測試不同的包裝。

37. 測試不同的標題。

38. 測試不同的價格。

39. 測試不同的話術。

40. 測試不同的廣告。

41. 測試不同的業務。

42. 測試不同的文案。

43. 測試不同的行銷通路。

44. 測試不同的媒體。

45. 測試不同的市場。

46. 測試不同的型錄。

47. 測試不同的贈品。

48. 測試不同的客戶名單。

49. 測試用不同的方法說明同一件事情。

50. 銷售文案要告訴客戶購買這項商品可以得到、省下、賺到或完成某樣事情。

51. 置入性行銷。

52. 異業合作。

53. 利用他人的行銷通路，行銷自己的產品。

54. 利用他人的資源，來增加自己產品的附加價值。

55. 利用他人的一切，行銷自己的產品，借力使力不費力。

56. 品牌或產品的命名最好是有趣、好記，以便於客戶記憶和宣傳。

57. 找出企業隱藏的資產。

58. 找出企業忽略的機會。

59. 找出被低估的人脈關係。

60. 改善尚未最佳化的銷售管道。

61. 改善未充分發揮的行銷活動。

62. 計算客戶的終身價值。（終身價值是指客戶一生中在你的企業裡消費的額度）

63. 每日一物／每週一物。

64. 讓訂購流程變的更簡捷。

65. 平面媒體廣告。

66. 網路廣告。

67. 實體店面行銷。

68. 利用大賣場／購物中心／便利商店的通路來行銷。

69. 建立網路商城／利用他人線上購物平台。

70. 建立經銷商／代理商／加盟連鎖。

71. 建立電話行銷團隊或與電話行銷公司合作。

72. 利用多層次行銷（組織行銷）。

73. 電視購物。

74. 建立業務部隊。

75. 廣播行銷。

76. 使用信用卡付款方式。

77. 使用分期付款機制。

78. 提供多種付款方式。

79. 就介紹產品文宣而言，長文案比短文案好，因為你能使客戶閱讀你的文宣越久，成交率就越高。

80. 團購。

81. 舊換新活動。

82. 性別促銷活動。例如：每週三女性免費。

83. 特定日期促銷活動。例如：每月七號為會員日，會員可獨享當日優惠。

84. 我的產品或服務增加什麼東西，可以多收二到五倍的費用。

85. 我的產品或服務減少什麼東西，可以減少一半或三分之一的費用。

86. 免付費客服電話。

87. Google廣告工具AdSense。

88. 語音行銷。

89. 關鍵字廣告。

90. 搜尋引擎最佳化（SEO）。

91. 彈跳視窗。

92. 電子報和電子書。

93. 免費下載（螢幕保護程式、桌面、簡報檔等）。

94. 舉辦公開活動，一對多銷售。

95. 離鋒時間消費優惠。

96. Yahoo！奇摩知識，論壇，討論版自問自答。

97. 線上客服系統。

98. 影片行銷。

99. 多人消費一人免費。

100. Facebook打卡優惠。

讓客戶主動找你的致勝策略

Nine capabilities **salesmen should possess**

　　管理學大師彼得‧杜拉克說：「行銷，就是要讓銷售變成多餘。」我們都知道行銷策略其實有非常多種，以下特別整理出最有效的十六種行銷策略，每種策略皆可以互相搭配結合使用，不限定只能單獨使用。

一、媒體行銷

　　無論在報章雜誌、廣播電台、捷運、公車、戶外看板或電視廣告等都屬於媒體行銷。此行銷策略所投入的成本較高，但有一定的廣告效果，因為此行銷策略的特色在於強迫你透過停、看、聽，接收到廣告訊息。

　　麥當勞曾經有一支廣告令我印象深刻，就是麥當勞請知名歌手蔡依林拍了一支「布穀拳」的廣告，特色在於希望藉由猜拳的方式增加與消費者之間的互動感和親切感，結果有人一進門就要跟服務生玩「布穀拳」，真是有趣的現象。

二、直效行銷（Direct Marketing）

　　直效行銷是指利用非人員接觸的工具直接向消費者傳遞產品或服務的資訊。主要類型包含郵寄信件、電子郵件、電話行銷等。此行銷策略是透

過大數法則，有一定比例的潛在客戶會跟你購買，所以至今還是有許多企業和個人使用此行銷策略，例如：大型購物網站、化妝品公司、壽險業、大賣場、出版業、銀行業、特種行業等。你知道嗎？現在連賣茶葉的業者也會透過電話行銷，因為我就曾經接過這樣的電話，後來發現我的朋友也接過，唯一的差別是他購買了。

♪三、話題行銷

創造話題和事件，吸引人們和媒體的注意力，是一種快速擴散的行銷策略。

曾經是世界最高的大樓台北101，後來創造出「蜘蛛人攀爬」事件。曾經轟動一時的新聞「誰讓名模安妮懷孕」，導致Yahoo！奇摩搜尋量三週內創造一百二十萬瀏覽量人次。曾經創造極高銷售量的推理小說「達文西密碼」，由於在書中不斷製造話題，說達文西的各幅畫皆有暗藏玄機，隱含密碼，在網路上創造了一波波的話題，後來還出現了電影版。周星馳著名作品之一「功夫」，也是話題行銷成功案例之一，由於當時周星馳好幾年沒拍片了，這就是一個話題，自然而然吸引了人們的注意和影迷的興趣。正式上映之前還製作了幾部宣傳片段，並在媒體不斷報導和網友不斷轉寄的情況下，最後造成這部片大賣的佳績。

麥當勞曾經推出新產品布穀堡，打著「布穀、生菜、烤汁豬」的口號，不料「烤汁豬」被消費者誤解成「烤蜘蛛」，也因此麥當勞竟賣起「烤蜘蛛」和「蜘蛛堡」演變成一種熱門話題，結果意外地讓麥當勞因此大發利市。你知道哪裡的維尼熊最多嗎？答案是麥當勞，因為麥當勞有一句廣告歌詞：「麥當勞都是為你」。（「為你」聽起來就像「維尼」）還有你知道什麼雞跑最快？跑最慢嗎？跑最快的答案是麥克雞，因為麥克雞塊（快），跑最慢的是妮可基，因為妮可基慢（慢）。另外麥當勞和肯

德基誰比較年經？答案是麥當勞，因為麥當勞是叔叔，肯德基是爺爺。另外，像九把刀的電影「那些年，我們一起追的女孩」和魏德聖的曠世鉅作「賽德克巴萊」，早在電影正式上映前幾個月就開始佈局，創造了話題。這些都是利用話題行銷。

話題行銷一定要有足夠的張力，才能吸引人們的注意和持續討論，這些討論會持續擴大，吸引更多的人知道有這件事情，此時話題行銷的效益就出現了。

四、病毒式行銷（Viral Marketing）

病毒式行銷簡單來說就像傳染病一樣，一傳十，十傳百，一直不斷傳播給更多的人。最典型的例子就是透過電子郵件傳播。

過去曾經紅極一時的動畫阿貴和訐譙龍，都是病毒式行銷的手法，很多人收到電子郵件後會再轉寄給他所有的朋友，在短短的時間造就了阿貴和訐譙龍的人物知名度，其相關週邊商品也因此大賣。不知你有沒有收到過朋友寄給你關於介紹餐廳的電子郵件，打開信一看，一張張看起就很好吃的照片，以圖文並茂的方式呈現。我猜想這當初應該不是有人去吃後覺得很好吃，於是花了時間和精力把它做一份圖文並茂的電子郵件以轉寄的方式寄出吧？我覺得很有可能是業者自己做的，這也是病毒式行銷的手法。有些出版社會將新書做成Powerpoint播放檔（簡稱P.P.S），收到的人看到這本書的精彩簡介，會有三種反應，第一種看了沒感覺，刪掉。第二種看了之後決定去買這本書。第三種看了之後轉寄給好朋友，因為好書要跟好朋友分享。

病毒式行銷的威力在於傳播快速方便，若傳播訊息本身價值性高，再結合「話題行銷」，在借力使力的情況下，病毒傳播話題的效益將創造出更佳的效果。

五、試用行銷

「先生！要不要來一杯」？試用行銷是一種讓人難以抗拒的行銷手法，因為不用先花錢，就能先享受，這是業者推廣新品牌和推展知名度的一種有效策略。走在大賣場你可以看到有人請你試喝牛奶或飲料，走過星巴克咖啡門口，會有人請你免費喝一小杯咖啡。有些瘦身美容機構會推出「免費課程」讓你先體驗，然後再銷售，不要妄想只有享受，沒有銷售。國內有些音樂下載軟體初期是不用錢的，但一段時間後就會變成收費機制，有些用戶會選擇不再使用，有些用戶會花錢繼續使用，因為覺得好用，有需求且習慣了。有些軟體也會有試用版，但有時間和功能的限制，所以若你喜歡此軟體當然就只好乖乖付費使用了。例如：風潮唱片在有些店家會設置試聽專區，供人們試聽進而購買，另外還有像東森購物的免費十天鑑賞期，造就了一年上億的營收，這些都是試用行銷的魅力。

讓我最佩服的是全球最大網路鞋店Zappos，執行長謝家華說：「成功，就是輸掉一切都無所謂。」謝家華是在他二十五歲創立Zappos，他曾在三年內就把自己的四千萬美元全花光，共燒掉近兩億美元的資金，第七年才開始賺錢。但如今，這家公司銷售額逾三百七十億元，占全美國鞋類銷售的四分之一。

他說：「我們是一家『服務』公司，只是恰巧賣的是鞋子，我要讓每個消費者打開手上的包裝盒後，都能夠驚喜地喊出一聲『WOW！』。」

他的商業模式是客戶試穿後不滿意可退回，完全免運費，而且三百六十五天內不滿意還可以全額退費。這樣的特別服務，在所有人的眼中和心中都出現了：「不可能！這根本是瘋子才會做的事。」等負面聲音，但是Zappos就是以此打造了網路賣鞋王國，不愧是試用行銷非常成功的一個經典案例。

六、口碑行銷

　　花香要風吹，好事要人傳，口碑行銷就是讓客戶介紹客戶，當然是要正面的傳播，讓客戶替你說好話，

　　你有看過摩斯漢堡打廣告嗎？麥當勞和肯德基都會在媒體宣傳他們的新漢堡，而摩斯漢堡不打廣告，它偏好採行口碑行銷的方式，讓更多的客戶知道他們的乾淨和米漢堡。另外不知你有沒有發現摩斯漢堡服務生的平均年齡比其他速食業還高，因為他們願意錄用二度就業的媽媽，比工讀生更穩定，上班時間彈性而兼顧家庭，便成為鄰居之間的話題。

　　你有曾經排隊買「甜甜圈」或「葡式蛋塔」的經驗嗎？沒排過也看過別人排隊吧？當初也是透過口碑行銷和媒體行銷的方式，變成一種熱潮。傳直銷也算是一種口碑行銷，直銷商告訴他們的親朋好友這產品有多好，這事業有多棒，然後整個組織從原本只有幾十人，後來變成幾百人，甚至上萬人。

　　美商安麗公司秉承「口碑相傳」的行銷理念，記者問：「為什麼安麗的產品堅持不打廣告？」總裁狄維士回答說：「一個產品你是相信廣告宣傳還是相信朋友的介紹？」因此安麗的經營模式就是透過會員直接介紹給客戶的方式，快速倍增會員。

　　你知道團購的力量有多大嗎？「黑師傅捲心酥」只靠企業團購，賣捲心酥一個月就可以有一千五百萬業績！讓全台灣的上班族迷戀不已，曾經發生過現在下訂單，你可得等上三個月才能拿貨呢！台灣的上班族熱愛團購，除了捲心酥外，芋泥捲、金牛角麵包、水果、彈性絲襪、維他命、床單、奶酪、飾品、包子、蝦捲、滷味、電影票……各式各樣，吃的、喝的、用的幾乎無一不團購。團購之所以在辦公室造成炫風，除了大批訂購單價較便宜之外，群眾影響的心理因素也是關鍵之一，因為團購商品很容易在辦公室中造成話題，同事間熱烈討論的結果讓彼此因有共同話題而增

進情誼，而在口耳傳播和網路社群的討論之下，也很容易讓商品從受歡迎轉變成為超級熱賣。

七、關係行銷（Relationship Marketing）

　　許多企業意識到尋求與客戶建立和維持一種長期的夥伴關係，是企業長久經營的最大保障，於是「關係行銷」因而產生。「關係行銷」是指買賣雙方創造更親密的供需關係與相互依賴關係的藝術。企業與客戶、零售商、經銷商、製造商等建立、維持並加強彼此關係。

　　關係行銷中最常用且實用有效的莫過於資料庫行銷，資料庫行銷是指建立、維持與使用客戶資料庫以進行交流和交易的過程。資料庫維護是資料庫行銷的關鍵要素，企業必須經常檢查資料的有效性並及時更新，及設計獲取這些新資料的有效方式，例如：填問卷送好禮或回娘家等活動。

　　百視達出租店在客戶第一次租片時便要客戶填基本資料，之後每次租片也都會記錄在電腦系統裡，所以每個會員租過哪些影片，多久借一次，租什麼類型的電影等，都被記錄在電腦系統裡，當百視達日後要行銷時即可搜尋出適合的對象，更精準且有效。另外像銀行、精品和服飾等行業也會針對他們的VIP客戶做行銷。

八、名人行銷

　　林志玲、金城武、謝震武、羅志祥、王力宏、蔡康永、小S……等，誰最能喚起你的購買欲望？誰能觸動你Shopping的衝動？名人代言一直是許多業者常用的行銷策略，從早期蕭薔代言SK II，麥可‧喬登代言NIKE球鞋，到中華職棒明星球員代言7-11的大亨堡，知名歌手羅志祥代言屈臣氏，藝人候昌明代言亞太電信……等，名人效應的確會造成消費者的購買意願。但是名人在代言時，也要注意產品的安全性和合法性，否則到時候

連自己也會變成受害者。

九、置入性行銷

　　置入性行銷指將產品、品牌名稱及識別、商標，置入任何形式的娛樂商品中，例如電視節目、電影、歌曲、大型活動等等，以達到潛移默化的宣傳效果。戲劇主角貼身物或喜愛的物品，節目中贈送給來賓的禮品，電影中男女主角住的飯店，使用的手機、手錶、車子和服裝等都有可能使用置入性行銷。像「我的野蠻女友」這部電影女主角全智賢，在劇中有許多使用手機的場景都會帶到三星的商標。曾經紅極一時的「海角七號」的拍片場地墾丁夏都飯店和「馬拉桑」推銷的小米酒，是由某廠商與南投信義鄉農會合作生產的小米酒品牌。007系列電影中龐德的手錶、汽車、喝的啤酒都是刻意置入的商品，由於觀眾對廣告有抗拒心理，而商品置入則融入劇情之中，效果反而比直接訴求的廣告好，廣告主的目的就是期待觀眾在不經意、無抗拒的情況下，累積對商品的印象。

　　我曾經在Youtube首頁看到一個令我印象深刻的置入性行銷案例——職場人生，劇情中表現出聯想筆電的堅固耐用和防水特色，真是耐人尋味。

　　另外有一個結合動畫、影音和電玩元素的置入行性銷案例（網址：http://pleasurehunt.mymagnum.com/）。按右鍵是向前走，按左鍵是向後走，按空白鍵是跳起來！沒有玩過的人無法體會，實在太好玩了！

十、搜尋行銷

　　如果你有好的產品，但是沒有人知道，潛在客戶要如何找到你呢？「搜尋行銷」簡單來說就是讓潛在客戶透過網路搜尋找到你。在台灣網路廣告十分流行，根據Yahoo！奇摩調查發現，85％受訪企業認為網路廣告是必備的行銷工作，近六成曾投入網路行銷，其中高達62％的企業使用過

關鍵字廣告，也認為關鍵字廣告的投資報酬率最高。如果你沒有龐大的預算在Yahoo！奇摩或PChome的首頁打廣告，關鍵字廣告是你另外一種好選擇。當你購買了關鍵字廣告，潛在客戶輸入關鍵字後按搜尋，你的網站有可能出現在第一頁。過去使用關鍵字廣告的企業像匯豐銀行的「三倍，加薪」，遠雄的「二代宅」等都有不錯的效果。無論餐廳、補習班、飯店、醫學美容、金融保險、診所、中小企業等，都適用。關鍵字廣告的好處在於客戶於網頁上點選才計費，沒點選就不計費並達到免費曝光的效果，每個月你可以自行決定要花多少預算在關鍵字廣告，具有行銷成本可控管，投入成本較低，投資報酬率較高等優勢。

還有另一種叫SEO（Search Engine Optimization），中文全名叫搜尋引擎最佳化，簡單的說就是整個網站該如何設計或是調整可以讓使用者輸入特定關鍵字的時候最優先尋找到自己的網站，增加本身網站的曝光量與客戶量，網站 SEO 其實最終的目的就是網站排名。國內也有許多企業使用SEO技術來增加客戶數。無論關鍵字廣告還是SEO，各有其優缺點，而能讓潛在客戶找到你才是重點。

十一、簡訊行銷

在現代人每人人手一支手機，有人還有兩支以上的情況，很多人出門沒帶手機會像忘了帶鑰匙一樣有九成以上會選擇回去拿，或造成心裡忐忑不安的情況，而簡訊行銷跟電子郵件行銷一樣如今已非常流行且氾濫，常常會收到電信業和金融業的簡訊，簡訊行銷的好處在於成本低，且開啟率比電子郵件高，若有興趣和需求的人自然會來電詢問，除了單向簡訊，現在雙向簡訊也很流行，例如收到簡訊後依照指示回覆按1或2，業者就會知道你的答案，另外簡訊也可結合媒體，像之前大陸超女歌唱比賽和台灣超級偶像總冠軍賽，會請觀眾發簡訊投票可參加抽獎之類的活動。

十二、部落格行銷

部落格行銷是一種以時間來換取金錢的長期抗戰，內容必須有創意或是有被閱讀或分享的價值，同時必須不斷更新內容，並適時回應網友的意見，增加網友的黏度，否則就會瞬間消失在網路的世界。

市場上有許多透過部落格行銷成功的案例。例如：有一位園區工程師在SARS那一年期間到了希臘旅行，把沿路的佳餚美景拍了下來，回國之後把旅行的過程寫成故事，結合照片放在他的部落格上，沒想到吸引許多人點選，最後出版成冊，書名叫《我的心遺留在愛情海》，也讓他賺進不少財富。

另外一個創造出部落格神話，以簡單線條，隨性畫出上班族的心情，有各式各樣的表情，風格十分有趣寫實。你猜到了嗎？她就是彎彎。她設計的MSN大頭圖可以造成網友間的話題及宣傳，而生活日誌則是和網友之間的情感交流，來引起網友的共鳴。相互搭配下，累積了固定的網友，並使部落格瀏覽人數逐日增加。彎彎部落格最重要的觀念在於「分享」，分享大頭圖、分享漫畫、分享心情、分享故事，從分享出發，逐漸擴散其影響力。

十三、聯盟行銷（Affiliate Marketing）

聯盟行銷（Affiliate Marketing）又稱「夥伴計畫」，是台灣目前最熱門的網路賺錢方式之一，在國外已經是一個相當成熟的網路獲利模式，而也有人單靠聯盟行銷，創造了無比的財富。只要你加入聯盟，你就可以建立一些廣告連結，凡是有人點擊你的廣告連結而購買產品的人，廠商就會在約定的時間將銷售獎金支付給你。不同於一般的加盟商或代理商，不需要資金、不需要存貨甚至你也不需要網站，就能在網路上銷售你所代理的產品。

像全世界最大的網路書店亞馬遜Amazon和台灣的博客來，都有採用聯盟行銷，以博客來而言，我在我自己的部落格或Facebook分享某一本新書，有人點選觀看並購買，自動會有一定比例的獎金回饋給我，所以會員除了購書有優惠外，還可以賺錢，這就是聯盟行銷最誘人之處。你也心動了嗎？

十四、社群行銷

「社群」就是擁有共同興趣、愛好或目標和利益，因而組成的團體。針對這樣的團體進行行銷活動就稱「社群行銷」。從早期的電子佈告欄系統（Bulletin Board Sustem，簡稱BBS），到近幾年火速成長的Facebook（臉書）和Google+等這些都屬於社群行銷。

之前在臉書上爆紅的「仆街少女」不知大家看過嗎？這兩個藝高人膽大的女生，在台中台北大街小巷裡臉孔朝下身體呈一百八十度直線「仆街」拍照，引起廣大迴響，臉書粉絲團更是幾天內就有六萬人按讚！兩位「仆街少女」，她們全身打直、臉朝下，橫倒在樓梯或馬路，連郵筒和垃圾桶上也能「仆」，不但成功行銷景點也行銷自己，「仆街少女」在臉書留言板上寫著：「好多人問說不會痛嗎？老實說，痛死了！但是人生不就這樣嗎？跌倒痛了又爬起來，飛奔向希望的朝陽中。」

社群網站經營的好，總統換人做做看！「3300萬人的聊天室」書中談到了歐巴馬選戰行銷的成功故事，歐巴馬的當選成了經營網路社群的成功代表，能夠經營的如此成功，簡單說來就是專注、投入、真誠！現在台灣許多政治人物也開始在Facebook上跟民眾互動，以拉近彼此的距離。另外像7-11、星巴克、漢堡王……等企業也利用Facebook粉絲專頁創造佳績，不僅大企業運用社群行銷，現在連許多中小企業也紛紛加入社群行銷的行列，大家大展身手，各顯神通。

❸十五、差異化行銷

從前有個乞丐，每天在廣場靠乞討為生，生活始終無法溫飽，有一天，他聽說附近有一家專業行銷顧問公司，於是他就跑去拜訪那個行銷顧問公司老闆，希望老闆能給他一些好的策略。

老闆問：「請問你真的想增加收入十倍以上嗎？」

乞丐說：「是的！我真的想要！」

「請問你姓什麼？」

「我姓李。」

「首先，你要有自己的品牌，所以從現在起，你就叫「叫花李」。然而有了自己的品牌後這還不夠，你的乞討方式要與競爭者區別開來，你必須差異化經營。讓別人覺得你有個性，有特色和與眾不同。」

「所以你乞討時要放一個立牌，上面寫著：我只收五塊錢。以後不管什麼人給你錢，你只許收人家五塊錢。如果有路人不理你，你別洩氣，這是正常現象，不要奢望把所有的人都變成你的客戶。記住了，我們只為一部分的人服務，要找到我們的目標客群。如果有人給你一塊錢，這時候，你要對人家說：「謝謝！我這裡只收五塊錢，請你拿回去。」如果有人給你十塊錢，你要對人家說：「謝謝！我這裡只收五塊錢，找你五塊錢。」聽清楚了嗎？

叫花李有點不明白。「啊？！照你這個策略，人家給一塊，我不收，人家給超過五塊錢，我還不要，那我不是損失了，不行不行。」

「叫花李，你聽我說，你想在乞討業有所突破，就必須按照我的話去做。」

「真的？那我就試試」。

隔天，叫花李就聽話照做，放了立牌，上面寫著：「我只收五塊錢。」過了不久，有人丟了一百塊錢，叫花李心裡很掙扎地跟路人說：

「謝謝！我這裡只收五塊錢，所以找給你九十五塊錢。」結果那個路人回到公司就和所有同事說：「我今天遇到了一個很特別的乞丐，不！是個瘋子，我給他一百塊錢，他竟說他只收五塊錢，竟還我九十五塊錢。」於是隔天，很多同事都跑去叫花李那邊，看是不是真的只收五塊錢，就這樣叫花李只收五塊錢的事情就傳開了。

後來記者知道了這件事，也紛紛跑來試探他，果真只收五塊錢，於是記者還採訪他，叫花李也因此上了電視新聞，叫花李的名氣和人氣從此水漲船高，當然收入變的比以前好十倍以上了。

半年後的某一天，行銷顧問公司的老闆決定看看叫花李的績效表現，來到廣場看到現場人潮洶湧，這位行銷顧問公司的老闆好不容易擠進去一看。

「咦！你不是叫花李吧？」

「你說叫花李呀！他是我們的老闆，他在對面，現在這裡由我來負責。」

原來叫花李已經開始開放加盟連鎖了呀！

叫花李的故事告訴我們，如果要有更好的生意和收入，就要採取差異化行銷，無論在品牌上的差異化或者行銷上的差異化，反正和別人不同就對了。所以我們可以去思考，今天如果你是企業的總裁，您的公司和產品和競爭者有何不同之處；如果你是業務，你個人和其他同事又有什麼與眾不同之處呢？

我有一個做保險的朋友，他在行銷上就非常與眾不同，他設計一張客戶「不買切結書」，每當某產品即將停賣時，他就會給客戶填一張「不買切結書」，上面寫著某商品在某年某月某日停賣，本人已告知此資訊，當您全部了解後確定不要享受這麼好的理財規劃，請在此處簽名以示同意。客戶此時會猶豫，因為簽名表示放棄機會，於是有些客戶會為了怕吃虧而

多了解一下產品內容，也因此成交了許多客戶。

　　我有一個做企業內訓的朋友，他有一堂課叫說故事行銷，他會根據上課的每一位學員量身訂做品牌故事，所以學員課後會收到一份彩色版的個人品牌故事，還用畫框框起來，就像一幅畫那般的尊貴，坊間課程只有他的課程有如此贈品和附加價值，是不是很特別呢？

　　在我從事教育訓練課程推廣工作時，為了要凸顯我和其他業務的不同，我還自己做了一張獨一無二的激勵小卡，送給初次見面的朋友或客戶，那小卡可放在皮包裡，等公車、等捷運、等客戶或需要被激勵的時候就可以派上用場。很多人都很喜歡我的激勵小卡，並對我印象深刻，這些都是運用了差異化行銷的效果。

十六、與人合作

　　有一家教育訓練公司辦了一場近四千人的演講，並找了一家雜誌當贊助廠商，海報上秀出贊助廠商的LOGO，活動當天凡購票參加者於雜誌攤位留下個人基本資料，現場即可領取一本過期雜誌，結果不但有人留下資料，更有人在現場訂了一年期的雜誌，對於雜誌社而言，他們需要的就是潛在客戶的名單，以便日後行銷之用，對於這家教育訓練公司而言等於提供了贈品和附加價值。

　　富邦銀行之前推出財神卡，並和美食業、服飾業、網路書店等各行各業合作，富邦銀行花錢在各大媒體打廣告大量曝光，合作店家提供刷卡相關優惠服務，如此一來，卡友可享受購物專屬優惠折扣，合作店家增加客戶和營收，銀行增加發卡量和刷卡金額等好處。

　　我曾經跟金石堂租借場地辦一場演講活動，從到頭尾沒有花任何費用，金石堂還幫我發EDM，因為我跟對方說：「我們的演講主題是導讀《財富密碼》這本書，最後我們會賣這本書給來參加的朋友們，營收都歸

金石堂所有，但請讓我們免費使用這空間。」對方竟然答應了。

因為我站在對方的立場想，對方想要的是營收，場地空的也是空的，我把人潮帶來，對於金石堂而言，只有好處沒有損失，不是嗎？

與人合作最大的好處是把對方的資源變成我的資源，把對方的客戶變成我的客戶。重點在於對方為何要跟你合作，你可以提供什麼給對方，這是你要思考的關鍵點。

看完本章節許多行銷戰術和方法策略，接下來到底要如何運用呢？你必須要掌握二個S，分別是Search（搜尋）和Share（分享）。

首先，你可以建立網站或部落格，目的是讓人們能夠在網路上找到你，否則別人就不知道有你這號人物。接著，創造被分享的價值。你可以錄製影片上傳到YouTube，並在部落格或是Facebook宣傳，目的是要讓網友看了後願意分享給他人。再來，你可以與他人異業合作，使其大量曝光。總之，運用本章節所介紹的各種行銷方法，想辦法創造更多被分享的價值和搜尋量，就可以讓客戶主動找上你。

練功坊

❶. 找出個人或企業的獨特賣點。

❷. 擬訂增加客戶數，增加客戶消費頻率和增加客戶單筆消費金額之策略，並執行之。

第5章

五虎刀

如何建立夢幻團隊

Nine capabilities
salesmen should possess

五虎刀

源自於金庸小說——《雪山飛狐》。而五虎將是三國演義中，劉備自立漢中王並封關羽、張飛、馬超、黃忠和趙雲五人的稱呼。五虎將的稱號如今已衍生為形容各項領域中能力出眾之人或團隊。

你知道沒有任何人可以靠自己的力量去辦一場萬人演唱會嗎？你知道沒有任何人可以靠自己的力量去拍一部電影嗎？你知道沒有任何人可以靠自己的力量參與選舉嗎？因為成功無法只靠自己一人的力量，還需要靠團隊的支援與合作，美國麥肯錫顧問公司得出一個最新的結論：公司能否保持持續發展和改革，關鍵因素在於公司是否擁有一個成功團隊。每一個成功人物，都依託著一個成功的團隊。個人因團隊而偉大，團隊是個人成長的舞臺，哪怕只有兩人也算團隊，所以要完成任何遠大的目標或夢想，除了資金之外，你還需要建立頂尖的團隊。

耶穌他親自挑了十二個人組成夢幻團隊，從此改變全世界；萊特兄弟完成了別人認為不可能的任務，製造出全世界第一架飛機；卡內基組織了一支團隊，創設世界最大的鋼鐵公司，也是世界最偉大的慈善家之一；蓋茲和艾倫創立了微軟公司，改寫了人們使用電腦的習慣；被全美最大團購網站Grouponp併購的地圖日記，最剛開始是由創辦人郭書齊和郭家齊兩兄弟，再加上一個工程師租了一個三坪的辦公室的三人團隊；麥可喬登巔峰時期的NBA芝加哥公牛隊，或是日本動漫灌籃高手湘北隊，都是一支堅強實力的夢幻團隊，有人負責搶籃板，有人負責得分，有人負責指揮控球，每個人都扮演著不可取代的重要角色。

話說獅子圖謀霸業，準備開拓自己的疆域，於是決定與鄰國開

戰。出征前，牠舉行了御前軍事會議，並派出大臣召告百獸，要大家根據各自的特長，負責不同的工作。

大象馱運軍需用品，熊衝鋒殺敵，狐狸出謀策畫當參謀，猴子則充當間諜深入敵後。有動物建議說：「把驢子送走，牠們的反應太慢了！還有野兔，牠們會動搖軍心的。」「不！不可以這麼做！」獅子說：「牠們會在戰鬥中發揮關鍵作用。驢子可擔任司令兵，牠發出的聲音一定會使敵人聞之喪膽；野兔動作迅速敏捷，可以在戰場上擔任聯絡員。」

動物們覺得獅王說得很有道理，便不再反對。後來，每隻動物在戰爭中果然都發揮了最大的用處，獅王也因而取得了勝利。

以上的例子都是證明了團隊力量大，團隊合作可以讓你借力使力，讓每個人可以發揮他的價值，創造更大的成就。

在本章節，你將可以學到：

1. 你是對的人才嗎
2. 如何測試出具有超級業務員的潛能特質
3. 面試業務人員如何問對問題
4. 如何把人才放在適當的位置
5. 增員ABC法則
6. 留住人才四部曲

微軟的創辦人比爾・蓋茲曾說：「如果我把財富一切都拿掉，只留下我公司最重要的二十位員工，我一樣可以東山再起。」台積電董事長說：「台積人是台積電最重要的資產。」香港首富李嘉誠說：「是員工養活了公司。」這些都表示人對團隊或企業的重要。既然人如此重要，那麼我們要找什麼樣的人呢？

《從A到A+》這本書的作者詹姆・柯林斯（Jim Collins）在書中提到一個令人震憾的觀點，他說**企業建構未來，要先找對的人，而不是先決定做什麼事。讓對的人上車，請不對的人下車，並把對的人放在適當的座位，然後再決定車子開往哪裡**。業務是一項融合了多種能力、具有相當挑戰性的工作，一名優秀的業務菁英，至少應具備以下的特質；如，問題解決、目標管理、自我管理、恆心毅力、主動積極、企圖心、親和力等才能，業務的特質有些是無法透過訓練加以強化或提升的，因此，業務團隊創造績效的第一步也是最關鍵的一步便是──找到具有業務特質的人才，所以，業務主管在挑選人才之前必須了解你需要什麼樣的人才。先看看是不是我們巴士的乘客有問題？還是座位分配不對？

如果把人力銀行廣告費用，加上教育訓練、業務工具配備、底薪和獎金等一切人事成本計算在內的話，招募業務人員是一項高成本的投資，所

以招募到合適人選是何其重要。然而一旦招募到合適的業務之後的就職計畫更是重要，因為每當業務人員進入一家公司，最有幹勁的時期就是前三個月的時間，這是你為他們的成功創造合適環境的大好機會。他們常常把它看作一個生命中的新機遇、新舞台，因此他們對這個團體，公司的產品／服務和人都抱積極的態度。一個完善的就職計畫能點燃他們的熱情，並對團隊及銷售目標產生正向的影響。所以在招募業務員的前後過程中必須注意四件事：

一、職務的描述

正確描述職務的工作內容，以免造成求職者心裡想的和實際上落差太大，導致人才流失和流動率過大，業務的頻繁流動會導致：

● 影響到公司的招募成本
● 打擊原本業務人員的士氣
● 給管理者帶來更大的壓力
● 使業務目標更難以達到
● 對公司更難以交待

另外，職務名稱有時也會給求職者不同的感覺，比方說：「明日之星」和「業務專員」的感覺是不一樣的，通常求職者喜歡明日之星甚過於業務專員。

二、營造一種愉快，友好的氣氛

● 求職者要在何處等候
● 面試地點如何佈置
● 求職者到達後如何接待

三、招募三大盲點

1. 看對眼就好，主觀好惡大於客觀事實。

2. 有人來就錄用。

3. 只看經驗，而忽略了性格盲點。

四、評估求職者的檢示點

我們要問對問題才能找到對的人才，以下列出是否符合對的求職者的十個評估項目：

1. 任職時間

了解求職者曾經任職的公司，並了解其之前每個工作任職時間有多長，這反映了一個人的穩定度、忠誠度和經驗。

2. 過去經歷

看求職者在過去工作崗位上的成就和貢獻，評估其經驗。

3. 技能和專長

看求職者是否有具備該職位所需的必備技能。

4. 對人和對工作保有熱情

如果夥伴沒有熱情，很難完成大事，不要硬逼自己做不喜歡的工作。

5. 服裝儀容

業務給客戶的第一印象尤其重要，所以求職者的穿著和給人的感覺很重要。

6. 人才到競爭對手公司上班是否會令你有所顧忌

如果你面前的求職者到你的競爭對手公司上班的話，也不會令你有所顧忌或擔心害怕，那就不用在意，如果會擔心他到敵營會造成業務上的威脅的話，那就要考慮是否要錄用。

7. 事前準備工作

了解求職者對公司的了解有多少和做了什麼準備，可看出求職者事前的準備和企圖心。

8. 認同企業文化和價值觀

不能認同企業文化和價值觀的人工作起來內心會自我矛盾，也不會快樂，所以在物色夥伴時你要找到認同企業的文化和價值觀的人，並把他們放到適當的位置。

9. 不用緊迫盯人

只要用對的人，主管不用常常緊迫盯人，對的人只需要被引導和教導，所以你不必再花很多額外的時間去激勵他們、約束他們，他們自己會管好自己，並積極力求表現。

10. 不是在應付「差事」，而是承擔「責任」

對的人會謙虛地把榮耀歸功給他人，當出現問題時，對的人會告訴自己：「我該為此負責。」

除了上述十項評估項目外，你還可以問一些特別的問題，例如：若你縮小成鉛筆大小被放進攪拌機，你將如何脫身？目的是考驗求職者在壓力之下展露出的創意、反應能力和表達能力。

超級業務員的潛能測試

Nine capabilities **salesmen should possess**

5

接下來，在此提供以下二十題測驗可測出應徵業務職務的人是否有潛能，是否符合業務主管的招募需求，身為業務人員的你也可以自我測試一下：

1. 每天早上起床，你都會充滿熱情與活力，以積極的態度面對嶄新的一天嗎？

   A.無法做到

   B.基本上應該可以

   C.我對每天的工作都充滿熱情與活力

2. 充滿自信的業務員往往能銷售成功，你是個有自信的業務員嗎？

   A.完全沒有自信

   B.還可以

   C.我一直都充滿自信，相信自己，看好自己

3. 在與陌生人相處時，你是抱著怎樣的態度？

   A.他們與我並無關係

   B.保持適當的距離就好

   C.我會盡力想幫助他人

4. 認識自己是一項非常重要的課題，如果讓你對自己做一個簡單的評價，

你會怎麼形容自己？

A.我覺得自己沒有任何一技之長

B.自己還有需要改進的地方

C.我覺得自己非常優秀

5. 如果你是一名從事業務工作的新人，你是否對於每天、每週，甚至每個月的工作都有詳細的計畫？如果你是一名資深業務，你對自己未來的生涯是否有詳細的規劃？

A.沒有規劃，過一天算一天

B.有規劃，但只有近期的計畫

C.已經計畫好每個階段的目標以及最終要達到的目標或結果

6. 做了一段時間的業務工作，有時會感到身心疲憊，少了當初的熱情，此時，你會去參加一些課程或講座自我充實嗎？

A.工作都這麼累了，哪來的體力和時間

B.若是公司安排的課程或講座會去聽聽

C.會利用下班後主動參加公司以外的課程或講座

7. 面對長期的業績壓力，每當到了業績考核的時候，若有一天老闆不在時你會做什麼？

A.趁機到外面找個地方好好休息一下

B.反正老闆看不見，還是待在公司一整天等著下班

C.與平時一樣，積極開發客戶和連絡客戶

8. 在某一個案子的銷售過程中你做了極大的努力，在即將成交的時候竟遭到客戶無情的拒絕，此時的你會怎麼想？

A.我怎麼這麼倒楣，看來我似乎不適合這份工作

B.沒關係，反正大家都有銷售失敗的時候，不是只有我

C.我仍然是最棒的，我相信我自己，並檢討這次不能成交的原因

9. 在與客戶溝通時，你是扮演什麼樣的角色？

A.有如滔滔江水，連綿不絕地一直說

B.只聽客戶說

C.把大部分時間留給客戶，並解決客戶的疑慮

10.在還沒有成交之前，你都會與客戶保持良好的互動，但是在成交之後，你還會與客戶保持連絡嗎？

A.成交之後就不會連絡了

B.今後也只是業務上的往來

C.與客戶變成良好的朋友關係

11.上司交給你一個看似不可能完成的任務，在時間緊迫且關係重大的情況下，你會怎麼做？

A.上司是想故意找我麻煩，想辦法推掉

B.勉強接受

C.接受，採取積極行動並盡力達成

12.有很多業務員不是敗在銷售技巧上，而是敗在一些小細節，比方說服裝儀容或自信心不足等。你會因為一些小細節沒做好而導致銷售失敗嗎？

A.經常會

B.偶爾會

C.從來不會

13.碰到客戶的冷嘲熱諷或無情的拒絕時，不同的業務員會有不同的反應，在一般情況下，你會怎麼做？

A.停止銷售，放棄這個客戶

B.對客戶死纏爛打

C.找到客戶拒絕的原因並想辦法成交他

14.當你與客戶正在討論事情時，突然第三方打斷了你與客戶的談話，並與你的客戶討論其他的事，你會怎麼做？

A.不理不睬，繼續銷售工作

B.先停下來，等待適當的時機再繼續銷售

C.建議第三方換個時間討論

15. 有些客戶雖然暫時與你沒有業務往來，但是他有可能在以後需要你的產品，你會對他長期追蹤與經營嗎？

A.不會，等他需要的時候再連絡

B.偶爾連絡一下

C.即使短時間內不會購買，但也經常保持連絡

16. 由於每月的業績你做得都非常好，因此得到了晉升，你會比你以前做得更好嗎？

A.不會

B.不知道

C.一定會努力做得更好

17. 當與客戶溝通時，如果客戶的話題偏離了主題，你能重新把話題再拉回來嗎？

A.偶爾可以

B.有時可以的

C.經常可以

18. 很多時候，客戶說的話往往隱含了其他的意思，即所謂「弦外之音」，你能完全聽得出來嗎？

A.不能

B.有時能，有時不能

C.基本上都能

19. 面對工作，有人是「拼命三郎」，有人是只要表現60分及格即可，你呢？

A.表現60分及格即可

B.與大部分同事差不多即可

C.非常認真與投入，想辦創造出高績效

20.你希望透過業務工作，擁有什麼樣的收入？

A.不要業績掛蛋就好

B.比一般上班族多

C.日後在經濟上無後顧之憂，並提早退休

算一算自己的得分——A=0分；B=1分；C=3分

結果分析：

● **得分在30分~45分之間：** 表示你有強烈的企圖心，而且你很自信，相信自己能在業務銷售領域有非常不錯的表現；在銷售過程中，你通常能有效掌握整個局面，看穿客戶的心理；成交後，你能與客戶建立起良好的朋友關係；這些都將會為你的事業帶來益處。總之，你具有成為A咖級業務員的潛質，繼續努力吧！

● **得分在15分~29分之間：** 你可能在某些方面存在一些問題，不妨在以後的銷售過程中多加注意，看看自己哪裡出了問題，如：是遇到了瓶頸還是對銷售工作失去了熱情，還是與客戶溝通出現了問題，還是忽視了一些小細節。只要找到癥結，對症下藥，相信你會有很大的進步。

● **得分在0分~14分之間：** 如果你是名業務新人，請不要灰心，得分少是正常，但是你要仔細對照一下測試題，看看你在哪方面做的還不夠好，繼續努力相信你會有很大進步；如果你已經是一名資深業務人員，那麼這個得分對你來說是一大警訊，你所遇到的問題可能會很多，你要通通整理出來並一一解決。如果問題的關鍵在於你對銷售失去了信心或熱情，還是心態老化，那麼請你一定要趕快想辦法調整，捲土重來再出發，相信你會有很棒的表現！加油！

第3式

應徵業務職務常見的二十個考題
Nine capabilities **salesmen should possess**

對於一個求職者來說，好不容易從百封甚至千封履歷表脫穎而出，進入到面試的階段，絕不能掉以輕心，必須做好萬全的準備，因為可能一個問題沒有回答恰當，你也許就失去這萬中選一的機會。

以下列出應徵業務職務最常見的二十個考題，如果你是名業務主管可以用來當成面試題庫。

1. 請簡單自我介紹

這題是考驗求職者的表達能力，如何在短短幾分鐘的時間，充分表現自己的經歷和優勢。

2. 請問你個性上的優缺點

回答此問題要小心，即使在描述缺點時，也要有技巧地將它轉化成優點，比方說：我的缺點是有時很固執，所以在面對客戶沒有需求時，我會想盡辦法創造客戶的需求，我不會輕易放棄。若回答我的缺點是懶惰、害羞、沒有企圖心等，這些答案很可能會成為你無法被錄取的致命傷。

3. 為什麼離開之前的公司？

這題是試探求職者離開的原因是因為人際關係處不好，還是承受不了挫折，或是有其他原因，以便更了解面試者的個性和價值觀。

4. 你為什麼想從事業務工作？

這題是了解求職者的個性和價值觀，有人是為了錢，有人是為了快速成長與學習。

5. 你為什麼想應徵本公司，對本公司了解多少？

這題是測試求職者的企圖心與是否有做好充分的準備，如果連本公司是做什麼的都一無所知，那就代表求職者沒有事前做功課，也代表求職者不重視且沒有想要這份工作的企圖心和渴望。

6. 你的期望待遇是多少？

這題是測試求職者對自己價值的信心程度，有人會說依公司規定，有人會說出一個範圍，通常業務工作有分成無底薪制和底薪制，依不同產業和不同公司而有所不同。

7. 你做過最成功的事是什麼？

這是了解求職者的能力與程度，過去是否有什麼豐功偉業。求職者可以把過去最具代表或最深刻或最有成就感的事蹟表現出來，並展現你的自信及能勝任此工作的企圖心。

8. 你認為成為一個優秀的業務人員最重要的關鍵是什麼？為什麼？

　　這題是考驗求職者對業務工作的看法、心態和認知，坊間有很多這個問題的答案的書籍，求職者可以用歸納法的方式回答，例如有五大關鍵：自信、熱情、人際關係、自律、銷售技巧。有一些會有爭議的答案建議不要說，比如：誠信，因為有些面試主管會覺得誠信只是說的好聽的表面東西。這種見人見智的答案要盡量避免。

 9. 在工作中你與主管的意見不同時你會怎麼辦？

　　這題是考驗面試者尊重主管和表達自我意見的能力。尊重上司是前提，但是如果覺得自己的想法真的可行，真的能幫助自己或公司，可以做進一步溝通，進而說服主管接受你的想法和提案。

 10. 關於銷售，你最喜歡的和最不喜歡的部分分別是什麼？能說明原因嗎？

　　這題是考驗求職者的個性和價值觀是否適合業務性質工作，因為個人喜好不同，所以每個人的答案也不盡相同，但是需要注意的是不能犯一些天大的錯誤，例如銷售就是一個與陌生人溝通的工作，如果你說我最不喜歡與人說話，這無疑是自尋死路；銷售是一個需要面對壓力，處理壓力的工作，你就不能說我最不喜歡有壓力；銷售是一個需要面對客戶拒絕的工作，如果你說我最不喜歡客戶拒絕我，我會很挫折，那肯定不會錄取。

 11. 你覺得客戶購買產品的最主要原因是什麼？

　　這題是測試求職者對於業務和客戶之間關係的了解。

12. 如果要把潛在客戶變成客戶，你有什麼方法嗎？

這題是考驗求職者對於經營客戶的想法。方法有很多，比如在有新產品上市時主動聯絡是否需要，在重要節日問候潛在客戶等，回答這個問題時的重點在於你是怎麼做的，最好能夠結合自身經歷。

13. 能談談你曾遇到的最棘手的一次銷售經驗和你是如何解決的嗎？

這題是考驗求職者在銷售上的能力，相信最棘手的一次銷售經驗是每個業務都記憶猶新的，求職者只要把這個故事完整地講出來，告訴面試主管最棘手的地方在哪裡以及是怎麼解決的就可以了。不過要特別注意的是所講述的銷售經驗一定要是成功的。

14. 請問你有什麼特別的銷售技巧嗎？

這題是考驗求職者在銷售上是否有異於他人，既然特別，最好就是與眾不同，相信每個人都會有一二招殺手鐧吧！

15. 如果安排你給新人上一堂課程，你會講些什麼？為什麼？

這題很有趣，是考驗求職者的自信程度，由於是講給新人聽的課，因此要講的自然是你認為最重要的內容且適合新人的。

16. 請你向我推銷一下我辦公桌上的馬克杯。

這題是要考驗求職者臨場的反應和銷售的功力，只要把面試主管當作是你的客戶就好了，千萬不能怯場，若是怯場，那就機會渺茫了。

17. 在進行電話行銷或電話約訪前，你通常會做哪些準備？

這題是測試求職者對打電話的習慣和行為模式，有些人會把講稿放在桌上，有些人還會放一面鏡子在前面，看看自己的表情，是否始終保持笑臉，因為客戶還是會感覺到你是否真誠。

18. 如果客戶一直殺價，你要如何說服他購買你的產品？

這題是考驗你對於客戶反應問題時的處理能力，求職者可將商品的總金額換算每天投資的金額，透過數字客觀的比較讓客戶知道物超所值，客戶自然會決定購買。如果有贈品也可適時提供，因為有些客戶只是想拗一些東西來證明自己賺到了，客戶有時只是要一個感覺。

19. 能否說明你未來的職涯規劃嗎？

這題是考驗求職者對於未來是否有清楚的規劃，也可看出求職者的企圖心。所以求職者不妨在面試之前就想一下職涯規劃，規劃出自己在未來短期三年，中期五年，甚至長期十年有什麼目標或達到什麼職位，當然每間公司的組織發展制度皆不同，總之，你一定要說出簡單且具體的規劃。

20. 請你說服我為什麼要錄取你？

這題是考驗求職者的自信，對此工作的渴望和說服的能力。一定要充分表現自己一定要這份工作的渴望，而且一定能勝任，讓面試主管能感受到你的企圖心和自信心。

總之，**夥伴不是團隊重要的資產，適合且對的夥伴，才是團隊最重要的寶貴資產。**

鴨子永遠不會變成兔子

Nine capabilities **salesmen should possess**

管理大師彼得‧杜拉克：「用人不在於如何減少人的短處，而在於如何發揮人的長處」。中華職棒統一獅呂文生總教練說：「球員沒有好壞之分，只有適當的位置。」我曾經看過一個很經典的動物學校寓言故事，話說很久以前動物們辦了一間學校，牠們採用活動課程，包括：跑步、游泳、飛行和攀爬，為了管理方便，牠們全部都要上課。

兔子跑步總是全班第一名，但牠必須苦練泳游，導致大腿肌肉神經抽痛。鴨子非常會游泳，但牠的飛行成績勉強及格，跑步則很差，由於跑步成績太差，所以放學後必須留下來勤練跑步，結果導致有蹼的腳掌嚴重磨損，連游泳也退步了。而老鷹飛行無人能及，但牠無論游泳、跑步和攀爬，都無法像飛行那樣優秀出色。松鼠的攀爬功夫一流，但在飛行課程中不斷受挫，後來用力過度肌肉痙攣，攀爬和跑步也都變得差強人意了。

這故事是告訴我們兔子擅長跑步，鴨子擅長划水，如果硬是要鴨子像兔子一樣跑得快，那只會適得其反，所以身為主管的你千萬別幻想鴨子跑步、游泳、飛行和攀爬樣樣精通，也就是說每個人都有他的優點和專長，你只要注意到每個夥伴的差異，把人放在對的位置，讓每個人的專長充分發揮，不要委屈了夥伴的專長，讓他們在對的位置，做對的事。

識人和用人是領導者必備的能力，用對人和用錯人，都會直接影響

到團隊的興衰成敗。每個人都有其專長與特質，優秀的領導者懂得在平凡中發掘夥伴的優點和長處，然後讓他們到最合適的崗位，去做最適當的工作，這樣才可使團隊展現最出色的成績。**成功的人，找出自己的專長，成功的領導者找出夥伴的專長。**

我發現好的團隊是以打團體戰的方式來創造績效，以房仲業為例，有人擅長開發進件，有人擅長銷售，可以二人搭配，凹凸互補，遠比一個人從開發到銷售都是自己來還來得有效益，甚至其他行業也適用，有人負責打電話邀約客戶，有人負責外訪銷售，有人負責客服，不同的工作由不同的人負責，也是一種團隊運作的方式。以前我在辦演講活動時，有人負責音控，有人負責主持，有人負責演講，有人負責收錢等，每個人的角色都非常重要，沒有大小之分，齊心以共好為宗旨。

另外，在人才的選用上，掌握「疑人不用，用人不疑」的原則，領導者要就人才的品德、才能、知識等各方面，進行慎重的審核，假使夥伴品行不端正，或能力無法勝任，就不能草率任用，而一旦任用，就該予以充分的信任，放手讓夥伴大膽去做，以便讓他在工作的過程中，不斷增長經驗，能力與智慧。即使日後發現夥伴的工作主動性和執行能力，與原先的預期有落差時，領導者也應多加督促，給予協助指導，讓他有機會認真投入工作，提升自己的能力。

增員ABC法則

Nine capabilities **salesmen should possess**

所謂「增員」簡單的說就是找新的業務員進來，並將其職位掛在主管底下，以增加團隊人數。無論哪個行業增員，必須掌握產業前景、個人成長、晉升制度、獎金報酬和工作價值這五大需求。

然而一個業務新手要學會介紹公司、談制度及分享產品，而且還要講得順，最快也要花上三天以上的時間，在「出師」之前可善用「ABC法則」。

什麼是「ABC法則」？

ABC法則大多應用於「接觸新朋友」，其中扮演關鍵性的B角色（即是自己）是促成這場聚會是否能以美好結果收場的重要性人物。此法適用於增員和銷售。ABC分別代表以下角色：

A（Advisor）：**領導人、上線、主管**

B（Bridge）：**橋樑、自己**

C（Customer）：**客戶、新朋友**

一般而言，剛起步的業務新手不太會開發客戶，缺乏經驗也缺乏工具，因此多數所找的人必定跟自己有一定關係甚至經常生活在一起的親

友，像是父母親、兄弟姐妹、鄰居、親戚和朋友，善用「ABC法則」不但能大幅提升成交率，也能增進自己在親友當中的信任度及認同感。

3 應用「ABC法則」的前置作業

在開始進行「ABC法則」前，有幾個訊息要清楚告知A角色，包括參與人員、時間、地點、禁忌及工具，而若自己無法清楚告知或無法全盤了解C角色，則可以與A角色相互討論，最好能夠提供出你與C之間的詳細對話內容。

● **參與人員**

有幾位新朋友要一起參與，誰能做決定，如果是夫妻，最好夫妻一起來了解。

● **時間**

確認好時間，若時間無法切確掌握，則應在見面之前再做一次確認動作。一次最好能有一小時以上的時間。

● **地點**

首要選擇是公司場地，若C角色不方便，則可約在咖啡廳或擁有小型會議空間的地方，以較不受干擾的地方為原則。

● **禁忌**

基本上宗教信仰及政治話題不談，若C角色有某方面的禁忌或性格（如主觀意識較強烈，對該行業有偏見或曾經有不愉快的經驗等），則務必要提前告知A角色。

● **工具**

記得要與A角色確認所需的工具，例如：訂購單、產品說明書、錄音筆、筆記本及文具等。

進行「ABC法則」的技巧

在進行「ABC法則」時，有一些助於成交小技巧要特別注意，否則將會事倍功半。

● 坐位安排

ABC三人呈斜角坐，B要安排面向牆面的位置，以防過多的干擾分散C的注意力，A的位置要盡量靠近C但要避免直接面對面，而B則坐於面對走道或大門的位置，較容易掌握外界動向及突如其來的狀況。

● 借力使力

剛開始B先簡單介紹C給A認識，再將A介紹給C，並推崇A，當A在與C進行交流時，身為B只需要做到點頭及贊同A的角色，若要以言語表達認同時，切記要簡潔有力並且不將話題偏離A的主題。不可做落跑B、多嘴B、白目B、瞌睡B、吐槽B和懶惰B。

● 排除干擾

進行「ABC法則」時較常發生兩種狀況，一為服務生前來服務時，要主動幫助服務生提高服務速度（如取餐），並在服務結束時主動告知暫停服務；二為當A的手機鈴聲響起時，B要前去接聽並離席告知電話端的客戶稍後再撥。

● 事後檢討

當會議結束時，最優先服務對象為C其次是A，視當時情況，提供C各項資料，邀約下一次見面時間，等C離開後，針對整體過程探討，並討論下一步如何進行。

● 正確的心態

做一場「ABC法則」的交流，B該有的正確心態是「一場順利的交流」而不見得要是「第一次見面就成交」，太過於積極成交的心態，會讓C感到莫名的壓力，傾聽且站在C立場想，若C當下的購買意願相當高時，則可以藉由回應A的談話來達到順水推舟的效果。

留住人才四部曲
Nine capabilities **salesmen should possess**

一般業務主管普遍都有一個困擾好不容易訓練好一個人才，花了許多人事成本投資在他身上，如果哪一天他跳槽了，那不是很可惜嗎？以下將與大家分享如何留住人才有四大步驟：

一、了解

1.了解每個夥伴的優點和缺點，公司希望發揮每個夥伴的長處。

2.要找出夥伴的發展目標和方向，因為當夥伴有了明確的目標之後，容易激發行動力。

3.最後還要了解夥伴現階段的能力狀況，以便做出適當的培訓計畫。

二、規畫

我發現不是每個夥伴都非常想要向上爬，爭取更高的職位，所以第一步了解夥伴非常重要，了解了哪些夥伴有企圖心，就要針對他們的特長、背景設計職涯發展規畫，還有一種夥伴早已想好未來要創業當老闆，在公司學成後便揮手再見，成立新公司和舊公司對打，若公司有內部創業的制度，即可讓好人才留在身邊，一起共創未來。

♋ 三、訓練

1.首先就是培養夥伴在工作上必要的技能，稱為硬技能，讓他在短期內就能做出貢獻。

2.除了硬技能之外，還要培養其軟技能（又稱軟實力），軟技能與一個人的情緒智商、個性、社交禮儀、溝通、語言、個人習慣等特質相關，比方說與人有效溝通、領導團隊、協商談判、激勵團隊、做出決策、解決問題、遵守禮儀、與他人合作等，若夥伴的發展受限，經常是由於軟技能不足，從而限制其硬技能的發揮。

3.還要教育夥伴對於公司價值觀的認同，夥伴不認同公司的價值觀，即使是非常優秀的人才，有時也是留不住的。

♋ 四、激勵

1.激勵的及時性很重要，過時的激勵是沒有用的。

2.要常常關心夥伴的績效表現，才能掌握激勵的及時性。

3.激勵的原因是幫助夥伴最大化地發揮他的潛能，當夥伴的潛能發揮越大的時候，他的成就感就越大，也就越不容易離開目前的公司。很多時候，夥伴離開公司，是因為找不到成就感，只好去其他地方尋找發揮空間。

了解，規畫，訓練和激勵，這四個步驟是互相連貫的，如果任何一個環節忽略或斷掉，都可能導致夥伴不滿意而離開，進而造成團隊瓦解。

我曾待過一間當時只有三個人的教育訓練公司，就是老闆，助理和我，我只做一件事情，就是約演講，老闆只做一件就是，就是站在台上演講，助理只做一件事情，就是負責會計。我們把自己的工作做到最好，雖然我後來才知道當時公司快要收起來了，但由於我們當時專業分工，才使得公司起死回生，重燃希望，後來公司越做越穩定。

後來我們邀請《富爸爸銷售狗》的作者——布萊爾・辛格，來台辦了一場演講，在演講進行到一半時，我突然莫名地被叫到後台，接著主持人宣布：「讓我們歡迎推廣這場演講活動人數最多的業務，林哲安請上台！」就這樣我還搞不清楚狀況站在舞台中間，看著台下數百位學員，我的心是如此地沸騰，我全身的細胞是如此地活躍，在接受布萊爾・辛格親自頒發的獎品後，我向台下所有的學員揮了揮手，深深一鞠躬……。

　　你知道嗎？那些成功人士或成功企業，都不是從頭到尾靠一個人完成一些事情的，都是由一群人運作而成功的。我心裡清楚知道，過去我有一些績效，都是因為有一個人或團隊的協助，才得以完成。就像布萊爾・辛格這場活動，我能上台領獎，要感謝大家的互助合作。經過這件事情，讓我更加體悟到，成功不能只靠自己，而是要靠他人或團隊。小成功可以靠自己，大成功要靠團隊。你說是嗎？

練功坊

❶.找到對的人，放在對的位置，做對的事情。

❷.建立一個團隊，專業分工，朝團隊目標和夢想邁進。

第6章

迴風拂柳刀
如何激勵團隊

Nine capabilities
salesmen should possess

迴風拂柳刀

此刀源自於金庸的小說──《天龍八部》。強風能把人往前吹，代表風能使人向前邁進一步，而不是原地不動。

世界管理大師彼得‧杜拉克曾說：「要激發員工積極的態度，重要的是讓員工發現，自己能透過工作，獲得樂趣和價值，在完成一項工作任務後，心中洋溢著滿足感。這樣，員工個人的目標和欲望達到了，整個企業的目標也就達到了。」

所謂激勵，就是組織或團隊透過設計適當的獎酬形式和工作環境，以一定的行為規範和懲罰性措施，藉助信息溝通，來激發、引導、保持和歸化組織成員的行為，以有效地實現組織及其成員個人目標的系統活動。

英國心理學家羅伯特‧耶基斯（Robert Yerkes）和多德森（Dodsou）提出一個倒U形假設：當一個人處於輕度興奮時，能把工作做得最好，進而更迅速、更圓滿地達成目標；當一個人一點兒興奮都沒有時，也就沒有做好工作的動力了。但是如果當一個人處於過度興奮時，可能也會使他無法完成本該完成的工作，所以激勵必須是適度和適當的。

在本章節裡，你將會學到：

● 激勵理論
● 激勵夥伴的二十個方法
● 激勵五大迷失
● 史上最激勵的故事

激勵為什麼有效？

Nine capabilities **salesmen should possess**

6

　　「如何讓所有人跟著你的方向，衝！衝！衝？」在人類的所有行為中，都是藉由適當的激勵策略，來促使個人發揮潛能，並達到公司或團隊的目標。

　　當業務主管跟做業務絕對完全不一樣！業務員靠高明的銷售技巧讓業績達標；業務主管則是要領導業務團隊，為整體績效負責。一名稱職的業務主管，一定要懂激勵，因為激勵有方，領導有道，就可以使績效倍增，業績滿分。

　　身為主管或組長的你，如果能找出到底是什麼東西在激勵著你的夥伴，你就可以更加有效地激勵他們。以下有兩個重要的激勵理論，可以讓你更加了解你的團隊和激勵團隊的方法。

♪一、馬斯洛的需求層次理論

　　美國心理學家亞伯拉罕・馬斯洛（Abraham Maslow）在1943年出版了他的激勵理論，裡面提到：「人類都是把注意力重點放在分層次的需求上。只有在第一層需求得到滿足後，人才會向第二個層次的需求發展。」

　　而由最低層到最高層馬斯洛將其分成五大需求：

第一層：生理需求

生理需求包含對水、空氣、食物、性、和住房等，屬於最基本的需求，當人們在轉向較高層次的需求之前，總是盡力滿足這類需求。一個人在飢餓時不會對其它任何事物感興趣，他的唯一的動力和需求就是尋得食物。

激勵方式：增加工資、改善勞動條件或給予更好的福利待遇。

第二層：安全需求

安全需求包括對人身安全、生活穩定以及免遭痛苦、威脅或疾病等的需求。和生理需求一樣，在安全需求沒有得到滿足之前，人們唯一關心的就是這種需求。對許多夥伴而言，安全需求為安全而穩定的工作以及有勞健保、失業補助和退休福利等。

激勵方式：強調規章制度、職業保障、福利待遇，並保護員工不致失業，提供相關醫療保險和退休福利等。

第三層：社會需求

社會需求包括對友誼、愛情以及隸屬關係的需求。當生理需求和安全需求得到滿足後，社會需求就會呈現出來，進而產生激勵作用。當社會需求沒有得到滿足，就會影響夥伴的精神，導致高缺勤率、低生產率、對工作不滿及情緒低落。

激勵方式：採取支持與讚許的態度，有些還會舉辦體育比賽和集體聚會等活動。

第四層：自尊需求

自尊需求既包括對成就或自我價值的個人感覺，也包括他人對自己的

認可與尊重。有尊重需求的人希望別人按照他們的實際形象來接受他們，並認為他們有能力，能勝任工作。他們關心的是成就、名聲、地位和晉升機會。當他們得到這些時，不僅贏得了人們的尊重，同時就其內心因對自己價值的滿足而充滿自信。不能滿足這類需求，就會使他們感到沮喪。如果別人給予的榮譽不是根據其真才實學，而是徒有虛名，也會對他們的心理構成威脅。

激勵方式：公開獎勵和表揚，頒發榮譽獎章，在公司的刊物上發表表揚文章，公佈優秀員工光榮榜等方法都可以提高人們對自己工作的成就感。

第五層：自我實現需求

這次最高層次的需求，包括真善美至高人生境界獲得的需求。

激勵方式：給身懷絕技的人委派特別任務以施展長才。

我們要了解業務的個人環境和目標以及他們的關心的領域。當然，要在業務的實際工作中操作這個理論還有一些實際因素要考慮在內：

第一層：業務夥伴們是否有足夠的生活資源？

● 他們的食宿如何？

● 他們住在哪裡？和誰住？

雖然業務的生活方式可能是他們的私事，但是你也應該考慮這是否會影響他們的工作表現。

第二層：對於業務而言他們的安全需求是什麼？

● 購買房子？車子？

● 收入穩定？

● 有存款？

● 有工作？

第三層：業務夥伴們對工作環境的想法？

　　● 他們在是團隊中的關係如何？

　　● 他們有沒有在找尋其他公司？

　　● 他們是否重視公司文化？

第四層：業務認為什麼是最有價值的？

　　● 得到別人的認同和讚賞？

　　● 良好的業績表現？

　　● 成為一個很好的主管？

　　● 被公認為是一個優秀的領導者？

第五層：業務夥伴們是否設定個人人生的目標？

　　● 什麼是他們的奮鬥目標？

　　● 他們有遠大的目標嗎？

　　● 他們想在公司裡晉升嗎？

二、赫茲伯格的保健因素和激勵因素理論

　　美國臨床心理學家、管理理論家、行為科學家的弗雷德里克・赫茲伯格（Frederick Herzberg）提出了著名的保健與激勵因素理論，又稱「雙因素理論」。赫茲伯格認為導致工作滿足和不滿足的因素是不同的。導致工作不滿的因素稱之為「保健因素」；導致工作滿足的因素稱之為「激勵因素」。維持保健因素並不能激勵夥伴，必須以激勵因素來促使夥伴努力工作。

　　保健因素的滿足對夥伴產生的效果類似於衛生保健對身體健康所起的作用。保健從人的環境中消除有害於健康的事物，它不能直接提高健康水平，但有預防疾病的效果，保健因素包括公司政策、管理措施、監督、人

際關係、物質工作條件、工資、福利等。當這些因素落差到夥伴認為無法接受的臨界點時，就會產生對工作的不滿意；而那些能帶來積極態度、滿意和激勵作用的因素就叫做「激勵因素」，包括：成就、賞識、挑戰性的工作以及成長和發展的機會。如果這些因素具備了，就能對夥伴產生更大的激勵。

　　以下的表格列出了一些主要的保健因素和激勵因素：

保健因素	激勵因素
低薪資	高薪資／獎金制度
裁員	安全
沒工作績效	在工作中得到利益和提升
獎金減少	有業績
害怕改變	新挑戰
不能適應工作角色	有工作滿足感
感到無聊	業績得到讚賞
感到挫折	很好的團隊精神
管理不善	得到同事的尊重
得不到讚賞	一個好的主管
得不到認可	得到重用
與同事關係不好	能發表意見和建議
資訊封閉	有學習和晉升的機會
培訓不夠	努力得到認可
缺少工作機會	努力得到回饋

　　如果你能確定什麼是你的夥伴目前最關心的和將來希望達到的目標，你就有機會掌握他們的內心世界了。

有一家資訊公司改善了過去業務人員流失嚴重的情況，對即將要辭職的業務人員進行訪問和調查，歸納出是哪些保健因素引起人員辭職的念頭。其因素如下：

1. 因為工作方式和內容產生挫敗感（與他們原來的期望有差別）

對策：重點在於在面試時測試和了解求職者的動機。例如：

- 喜歡銷售的哪一方面
- 喜歡在團隊裡工作
- 是否能接受較長的銷售週期
- 不喜歡銷售的哪一方面

2. 賺不到錢

對策：你可以協助業務人員檢討過去的工作情況，並說明調整之後可擁有多少收入，再加上經驗分享，建立和重拾夥伴的信心。

3. 感到缺少培訓和發展的機會

對策：為所有業務人員都制定合適的培訓計畫。有經驗的業務人員可以幫助訓練新進人員，但也要為有經驗的業務人員提供更高層次的訓練。

激勵夥伴的二十個方法

Nine capabilities salesmen should possess

6

拿破崙說：「只要有足夠的勳章，我就可以征服全世界。」

美國哈佛大學組織行為學專家詹姆斯教授對二千多名工人進行測試，結果發現，在沒有激勵的情況下，每個工人的能力通常只發揮20到30％；如果受到有效的激勵，他們的能力可發揮80到90％。

領導者如果想有效激勵夥伴，就得先了解夥伴在何種動機的驅使下，會願意努力工作。換言之，業務主管必須了解夥伴投入工作時的個人需求，例如，合理的薪資報酬、個人成就感等等，並且根據他們的需求，進而激發夥伴追求工作表現的欲望。

以下整理出二十種你可以和你的業務夥伴互動，並有效激勵的方式：

1. 願景激勵法

為夥伴編織一個美麗的夢。讓夥伴知道未來我們的團隊或企業發展會有多麼的美好，比方說三年後公司即將上市或上櫃等。

2. 環境激勵法

營造良好的工作環境。比方說視業績的貢獻度，幫你的夥伴換一台新的電腦，讓夥伴擁有一個較大的專屬辦公室或公司重新裝潢等。

3. 升遷激勵法

依個人表現適時升遷。你可設計一套晉升制度，當有夥伴晉升時，可舉辦一場晉升活動。

4. 典範激勵法

可舉一個該行業的成功典範，引發夥伴想跟他一樣成功。例如：美國有一位榮獲二十四次百萬圓桌會員（MDRT），十二次頂尖百萬圓桌會員（TOT）的美國保險銷售天王所羅門‧希克斯，他指導的保險業務員中，八成以上都成為百萬圓桌會員。他最經典的銷售就是「門徒式行銷」。他的魅力是能讓無數的客戶變成他的「信徒」，自動幫他推銷「所羅門」這個品牌，他說：「他們都是我的門徒，會主動介紹我，分享我的想法，然後幫我組織聚會，我再出現，讓大家感受我，這是銷售的最佳境界。」

備註：美國百萬圓桌會簡稱MDRT（Million Dollar Round Table），創立於1927年，百萬圓桌會係一國際性獨立協會，包含來自七十九個國家、四百八十一家人壽保險公司的三萬五千多位會員，均為世界一流的人壽保險和理財服務專業人士，是一種榮譽的象徵和自我的肯定。每年審核標準有所不同，請詳見：http://www.mdrt.org.tw/index.php

5. 目標激勵法

有目標才會有激情，沒有目標世界太平。比方說連續三個月每個人的業績都有達到，公司送給每人一支智慧型手機。

6. 後院激勵法

給夥伴家屬一份溫暖，夥伴會感動到為你拼命。比方說寄卡片或送禮物給夥伴的母親，祝她母親節快樂。

7. 地位激勵法

告訴夥伴他對於公司而言有多麼重要。若沒有他，公司不會有現在的規模，沒有他，公司可能無法生存，沒有他，我們無法現在還聚集在一起。

8. 授權激勵法

把特別的任務交給夥伴去處理。按部就班的工作有時會消磨鬥志，公司若期待夥伴有振奮表現，必須給他充滿挑戰的工作或舞台。

9. 示範激勵法

與其吼破嗓子，不如做出樣子。這就是所謂的身先足以率人，律己得以服人。

10. 培訓激勵法

教育訓練你的夥伴，提升他們的能力，激發他們的潛能，打造一個A級的黃金團隊。

11. 激將激勵法

遣將不如激將。有時使用激將法，會有意想不到的激勵效果，

因為有些人的內心深處存在著不服輸的性格，他會做給你看，讓你跌破眼鏡。

12. 加薪激勵法

人們是依據相對的報酬來決定其努力的程度。所以適當的加薪有助於讓你的夥伴更努力。

13. 危機激勵法

灌輸危機觀念，也能激發工作熱情。例如，如果大家的業績無法再提升，公司可能會有一些狀況，這是你們要的結果嗎？忠心的夥伴會適時挺身而出，拼出業績，協助公司渡過危機。當然有時不是真的有危機，可以塑造出一個假象即可。

14. 比賽激勵法

公司內部透過舉辦各項比賽來激勵，例如：新人王、換名片比賽等項目，營造彼此良性競爭的工作氛圍。適當的良性競爭，會促進夥伴更努力。

15. 興趣激勵法

興趣是活力的源泉。讓夥伴去負責他有興趣的部分，也是一種激勵。比方說某個夥伴他的工作內容並沒有製作背景音樂這項工作，但由於公司新產品需要背景音樂，這夥伴對音樂非常有興趣，主動表示願意擔任此工作，當領導者賦予這名夥伴這項工作時，對他而言就是一種激勵。

16. 讚美激勵法

每個人都渴望被人讚美，被肯定，好夥伴不是管出來的，而是誇出來的。適時當眾表揚，這就等於告訴他，他的表現值得所有人關注和讚許。

除了口頭上的讚賞外，也可用書面形式的方式，喜悅感與激勵效果也會較為持久。

17. 尊重激勵法

發自內心地尊重夥伴。尊重是一種最人性化，最有效的激勵方法之

一，領導者如果能夠發自內心地尊重每一位夥伴，那麼夥伴對組織或企業的回報將是驚人的。

 18. 榮譽激勵法

　　給夥伴一個響亮的頭銜，榮譽是激情的催化劑，所以你的夥伴會因為響亮的頭銜而更加努力。如果說自我實現是人類最高層次的需要，那麼榮譽就是一種終極的激勵手段。

19. 下車激勵法

　　請團隊中不適合的人下車，有時會使夥伴們上緊發條，發揮自我警惕作用了解這裡不是來玩的地方，進而更努力和自律地在工作上。

20. 逃離痛苦激勵法

　　在本書第三章第五式我有提到一個人所做的決定不是追求快樂，就是逃離痛苦，所以這個觀念可以運用在激勵夥伴上，也就是你要找出每位夥伴逃離痛苦的關鍵點，例如：某位夥伴他來這裡工作的目的是為了賺錢還家人的債，所以他逃離痛苦的關鍵點就是還債，你可以私下跟他單獨談談，如果沒有努力賺到錢，你家裡的狀況會改善嗎？如果一直沒有改善那會如何呢？什麼時候改善對你和你的家人會比較好？用這樣一問一答的方式，讓他自己來影響他自己，他會告訴自己不要再浪費生命了，唯有努力行動，家人才不會受累。所以，你不能只是告訴他努力工作可以月入百萬，因為根據我的經驗，效果是有限。

　　上述列了二十種激勵夥伴的方法，你可以交叉靈活運用，儘管這些都是有效的方法，但是因人而異，也就是說一種方法並無法滿足所有的人，所以你要**了解每位夥伴的背景，價值觀和工作的動機目的**，否則會變成喊

目標很激動，喊完很感動，事後一動也不動。

在我當業務主管時，每天早會第一件事情就是先來個「引爆肢體」，此活動就是放一些激勵人心和動感的歌曲，首先由我開始配合音樂做動作，所有人都要跟我做一樣的動作，接下來每人輪流上來做動作，原則上不能和前面的人做一樣的動作，藉此也考驗每人的創意，也因為如此，讓整個團隊一大早就熱絡起來，沒睡飽的業務也更有精神了。

早會過程中，我還加入了冥想時間，每個人都閉上眼睛，當輕柔緩慢的音樂響起時，我會用溫柔的口吻說：「這是一個多麼美好的一天啊！充滿了愛、熱情、快樂、感恩和力量！想像自己站在山頂上，眺望那一望無際的草原，沒有任何事情能夠阻礙你達成目標。想像當你達成這個月的目標時，你會多麼地開心，你會和誰分享你的喜悅，你會買什麼東西來獎勵自己，想像幾年後你可以開著自己喜歡的車子，住在你夢想中的房子，和你心愛的人過著你想要的生活，你會告訴自己，我是值得的，我值得擁有這一切……」

沒想到後來，老闆有一次對我說：「哲安！聽你主持早會，你可曾知道我的內心有多麼撼動？」

總之，無論你是業務員還是主管，都要學會激勵自己和激勵他人。

第3式

激勵的五大誤解

Nine capabilities **salesmen should possess**

6

激勵固然很好，但是如果以為用金錢激勵或只要激勵業績就會好等心態，對於團隊或企業來說，未必是一件好事，以下針對在激勵上可能會存有的盲點做一個簡單的分析。其五大誤解如下：

誤解一：激勵不需差異化

激勵應該要有差別的，如果對員工沒有深入的了解，把同樣的激勵措施用於所有人，必定適得其反，無法達到預期效果。

不同類型的人有不同的需求，找到他們的需要，這樣激勵才是最有效的。如從事簡單工作的員工，他們的需求屬於較低層次，採用物質激勵是較為經濟和適宜的。而從事複雜工作的技術人員和管理人員，他們在精神方面的需求會較多一些，為了能夠留住人才，應注重精神方面的激勵措施，如晉升、榮譽等。因此激勵應該講求差異化，沒有差異的激勵是起不了作用的。

誤解二：金錢激勵等於最有效的激勵

毫無疑問，基本上金錢獎勵是最直接、最有效的激勵方式，但是對員

工來說，在他們獲得優厚的薪資與獎金的同時，也會考量獎賞的公平性與工作是否具發展性等。

根據鮑伯‧尼爾森（Bob Nelson）進行一項橫跨七種產業、總計一千五百名員工的工作動機大調查。調查發現，最能激勵員工的前三名分別為「學習活動」、「彈性工時」和「個人讚美」；第四名為憑藉優異績效贏得「工作權威」；第五名為有機會能配置資源、制訂決策、管理他人的「工作自主」；第六名為「有時間和主管對談」；第七名為「分時休假」；第八名為「公開讚美」；第九名為「選擇工作內容或任務」；第十名為寫一封電子郵件或「書面讚美」。

「學習活動」可以讓員工透過學習技能，提升身價和市場價值。不論是現在與未來的職位上，都具有成長與發展。「彈性工時」與「分時休假」讓員工可以選擇彈性上下班時間，以及選擇適合他們的休假時數，例如偶爾下午可離開辦公室，參加孩子在學校的表演；或是提早一小時上班，以提早一小時下班。出乎意料地，金錢竟排名在第十三名。

所以我們可以發現金錢激勵並不是最有效的辦法，因此，在你激勵你的業務團隊時應該不斷創新以保證激勵措施的有效性。

誤解三：激勵是萬靈丹

有些企業實施激勵措施後，卻反而降低員工工作的努力程度。這是因為有些主管把激勵當作萬靈丹，只要建立了激勵政策就能發揮作用。事實上，激勵政策也存在一定的盲點，就是當員工的能力達到一定的程度和極限之後，即使再如何以充滿吸引力和誘惑力的激勵措施也不能令他們發揮績效。因此，企業沒有激勵不行，但激勵並不是萬能的。

誤解四：小事不需要讚美，做出大成績時再讚美即可

激勵的精神在於「小事件、大表揚」，有功必賞；也就是說，如果你的員工將小事做得很好，你就要不吝惜激勵。在《你的桶子有多滿？》一書中指出，批評與讚美的比例約為一比五。也就是批評一次部屬需要靠著五次的讚美才能挽回。讚美的原則是即時、親切、具體、個人化、正面。哪怕只是一個貼心的手勢、真誠的卡片和愛的關懷都是不錯的激勵方式。

美國人力資源管理學會（Society Human Resource Management）曾經在調查後發現，有79%的員工之所以會離職，是因為自覺在工作中得不到肯定或賞識。因此，領導人千萬別輕忽「肯定」對於激勵部屬的力量。西南航空（Southwest Airlines）總裁柯琳‧巴瑞特（Colleen Barrett）在組織裡所扮演的角色，像媽媽又像阿嬤，經常以手寫卡片送給部屬，讓部屬都能感受到她的心意。麥當勞連鎖店創始人雷‧克羅克（Ray Kroc）52歲創業，拖著一身病痛仍堅持展開全美巡店，「以身作則」感召員工，無形中也激勵了員工。

誤解五：有獎勵就是激勵

很多人都認為對員工激勵就是採取獎勵的形式鼓勵他們更努力地工作，即認為激勵就是獎勵，所以在制定激勵機制時，往往只片面地考慮正面的獎勵措施，而不考慮或不注重約束和懲罰制度。

在人力資源管理上我們需要同時使用胡蘿蔔與棍子理論，此理論源自於一九四八年，《經濟學人》（Economist）雜誌，胡蘿蔔比喻為激勵，棍子則是懲罰；有人因此主張胡蘿蔔與棍子應交互運用，但有更多的人主張，應多用胡蘿蔔（激勵），少用棍子（懲罰）。此種激勵觀念提出至今，雖已超過半世紀，仍方興未艾，尤其受到教育界與企業界的重視。

史上最激勵的十個故事

Nine capabilities **salesmen should possess**

激勵的故事很多，以下是我萬中挑選，最能激勵人心的十個故事，每當你需要被激勵時，你可以看看以下的故事，或者你需要激勵你的工作夥伴時，也可以將下面的故事分享給你的業務團隊聽，我相信對你和你的夥伴都會有很大的幫助。

一、把握當下的機會

有一個人在某天晚上碰到一個神仙，這個神仙告訴他說，有大事要發生在他身上了，他有機會得到很大一筆財富，在社會上獲得卓越的地位，並且娶到一個漂亮的妻子。這個人終其一生都在等待這個奇蹟的發生，可是什麼事也沒發生，這個人就這樣窮困地渡過了他的一生，最後孤獨地老死。

當他上了天堂，他遇見了那個神仙，他對神仙說：「你說過要給我財富，很高的社會地位和漂亮的妻子，但我等了一輩子，卻什麼也沒有。」

神仙回答他：「我沒說過那種話。我只承諾過要給你機會得到財富，一個受人尊重的社會地位和一個漂亮的妻子，可是你卻讓這些機會從你身邊溜走了。」

這個人迷惑了，他說：「我不明白你的意思。」

神仙回答道：「你記得你曾經有一次想到一個好點子，可是你沒有行動，因為你怕失敗而不敢去嘗試。」

這個人點點頭。

神仙繼續說：「因為你沒有去行動，這個點子幾年後被給了另外一個人想出來，那個人義無反顧地去做了，你可能記得那個人，他就是後來變成全國最有錢的那個人。還有，你應該還記得，有一次發生了大地震，大半的房子都毀了，好幾千人被困在倒塌的房子裡，你有機會去幫忙拯救那些存活的人，可是你卻怕小偷會趁你不在家的時候，到你家裡打劫，偷東西，你以這作為藉口，故意忽視那些需要你幫助的人，而只是守著自己的房子。」這個人不好意思地點點頭。

神仙繼續說：「你記不記得有一個頭髮烏黑的漂亮女子，那個你曾經非常強烈地被吸引著，你從來不曾這麼喜歡過一個女人，之後也沒有再碰到過像她這麼好的女人，可是你想她不可能會喜歡你，更不可能會答應跟你結婚，你因為害怕被拒絕，就讓她從你身旁溜走了。」

這個人又點點頭，這次他流下了眼淚，神仙說：「她本來應是你的妻子，你們會有好幾個可愛的小孩，你的人生將會有許許多多的快樂。」

其實我們每天身邊都會圍繞著許多的機會，但我們經常像故事裡的那個人一樣，總是因為害怕而停止了腳步，結果機會就溜走了，我們因為害怕被拒絕而不敢跟他人接觸，我們因為害怕被嘲笑而不敢對他人做出承諾，我們因為害怕做不到而不願付出行動。不過，我們比故事裡的那個人多了一個優勢，那就是——**「我們還活著，我們可以從現在起抓住機會，開始去創造屬於我們的機會。」**

二、別說不可能

剛生下來時，醫生說他活不了一週；過了一週後，醫生又說他活不過一個月；過了一個月，醫生又說他活不過一年。就是在醫生的一次次死亡宣告中，他頑強地生存下來，十七歲時，他又接受了雙腿從根部切除手術，經過刻苦不懈的鍛煉，他的胳膊變得比健康人的腿還粗。他叫約翰·庫緹斯（John Coutis）。

由於自己的殘疾，他從小就被許多人視為「小妖怪」。上小學時，調皮的同學用塑膠帶封住他的嘴後扔入垃圾桶，點上火差點把他燒死，幸虧被老師救了出來。

高中時有一次上幻燈課，庫緹斯突然感到腹部劇痛，必須馬上去廁所，在光線黑暗的室內，他每用雙手往前一步，都感到掌心被扎得鑽心的痛。爬出教室他才發現，一隻手掌上扎了五個圖釘，另一隻手扎了六個。這些都是歧視他的同學惡作劇做的。

有一次當庫緹斯傷心地想要用手槍結束自己的生命時，他媽媽即時趕來，並親吻著他的額頭說：「約翰，你是我們生命中所遇到的最可愛的孩子！永遠都是！每個人都不能忘記自己的責任，你的責任就是要給別人做出榜樣來！」

人稱生命鬥士的「無腿超人」，一個永遠不被打垮的澳洲人。約翰·庫緹斯先後去過一百多個國家，堅強意志鼓舞了無數的人，他會開車，打桌球，橄欖球等運動，他說，是對運動的熱愛改變了他的命運。他曾經獲得澳洲殘障人網球賽冠軍。無論何時，不要對自己說「不可能」！這是庫緹斯的信念。他說：「假如你不喜歡自己的鞋子，有誰願意跟我交換？即使我有全世界的財富，我都願意和你交換，現在還有誰抱怨自己的鞋子？」

另外，像生命巨人力克·胡哲（Nick Vujicic）和大陸無臂鋼琴王子劉

偉等人，雖然他們四肢不健全，但是他們不甘於受限制，充分展現出對生命的熱情，並鼓勵大家勇於追求夢想，實現自我生命價值。人最大的敵人往往就是自己，如何肯定自己，戰勝自己，超越自己，他們做了一個最好的示範。

三、上帝的延遲並不是上帝的拒絕

電影巨星席維斯‧史特龍（Sylvester Gardenzio Stallone）幼年時期因為顏面神經的缺陷，所以無法正面跟人講話，只能用側面，因此在學校受到排擠。

長大後生活十分落魄，連房租都租不起。當時，他立志當演員，並自信滿滿地到紐約的電影公司應徵，但都因外貌平平和咬字不清楚而遭到拒絕，在被拒絕了一千次後，他寫了「洛基」的劇本，並拿著劇本到處推薦，也繼續被冷嘲熱諷，在被拒絕一千五百次後好不容易有人看上他的劇本，但席維斯史特龍要求要當男主角，對方不肯，所以他又繼續拜訪其他電影公司，就在被拒絕了一千八百五十五次後，終於如願以償，最後「洛基」不僅奪下當年金球獎的最佳影片，兩個月後「洛基」入圍了奧斯卡最佳影片、最佳導演、最佳男主角、最佳女主角、兩位最佳男配角、最佳劇本、最佳音效、最佳剪接及最佳電影主題曲，最後奪下奧斯卡的最佳影片、最佳導演及最佳剪接，同時票房也相當亮眼，史特龍頓時成為家喻戶曉的國際巨星。

愛迪生在從事發明電燈的過程中，歷經了九千九百九十九次失敗之後，有人問他：「你是否還打算繼續第一萬次失敗呢？」愛迪生回答：「那不叫失敗，我只是發現那些方法做不出電燈來。」

經過《喜羊羊與灰太狼》全集統計，灰太狼一共被灰太狼的平底鍋砸過九五四四次，被喜羊羊捉弄過二三四七次，被食人魚追過七六九次，

被電過一七五五次，捉羊想過二七八八個辦法，奔波過一九六五八次，足跡能繞地球九五四圈，至今一隻羊也沒吃到，但他並沒有放棄，想想灰太狼，我們現在的一點苦又算什麼呢？**其實你並沒有失敗，只是暫時停止成功。**

♪四、放棄只需要一句話，成功卻要不斷地堅持

　　桑德斯上校是「肯德基」速食連鎖店的創辦人，你知道他是如何建立起成功的事業嗎？是因為生在富豪家、念過像哈佛這樣著名的高等學府、亦或是在很年輕時便投身於這門事業上？你認為是哪一個呢？

　　上述的答案都不是，事實上桑德斯上校在年齡高達六十五歲時才開始從事這個事業，那麼又是什麼原因使他終於拿出行動來呢？因為他身無分文且孑然一身，當他拿到生平第一張救濟金支票時，金額只有一百零五美元，內心實在是極度沮喪。他不怪這個社會，也未寫信去罵國會，只是心平氣和地自問這句話：「到底我對人們能做出何種貢獻呢？我有什麼可以回饋的呢？」

　　隨之，他便思量起自己的所有，試圖找出可為之處。頭一個浮上他心頭的答案是：「很好，我擁有一份人人都會喜歡的炸雞祕方，不知道餐館要不要？我這麼做是否划算？」隨即他又想到：「要是我不僅賣這份炸雞祕方，同時還教他們怎樣才能炸得好，這會怎麼樣呢？如果餐館的生意因此而提升的話，那又會如何呢？如果上門的顧客增加，且指名要點用炸雞，或許餐館會讓我從其中抽成也說不定。」

　　好點子或許人人都有，但不一定人人都會去付諸於行動，他開始挨家挨戶敲門拜訪所有餐廳，把想法告訴餐館的老闆：「我有一種很棒的炸雞祕方，如果你能採用，我相信一定可以讓你們的餐廳營業額提升不少，我希望能從增加的營業額抽成。」

很多人都嘲笑他說：「得了吧！老頭子！如果真的那麼好，為何你自己現在還穿著那麼可笑的衣服呢？」

這些話絲毫沒有使桑德斯上校打退堂鼓，反而更用心修正自己的說詞，以便說服下一個老闆，就這樣花了兩年的時間，在接受了一千零九次的拒絕後，最後終於有一家同意了！，

有多少人能像桑德斯上校一樣勇敢堅持下去呢？一般人可能被拒絕三次就放棄了，更別說一千零九次。迪士尼樂園的創辦人華德・迪斯耐，當時的夢想是建造一個地球上最歡樂的地方，但他沒有資金便四處向銀行借錢，在被拒絕三百零二次後，最後終於借到了，才有今日的迪士尼樂園。想當年哥倫布憑著「信心和堅持」發現了新大陸，而不是憑著「航海圖」；棒球專家們有一個共識，球場上的得分，總在二出局後才開始。

五、成功就是簡單事，重覆做

有一個世界知名的銷售大師即將告別他的銷售生涯，由於受各行各業的邀請，他決定辦一場萬人演講會，把他畢生的銷售絕學公開一世。

演講會當天，現場座無虛席，大家都迫不急待等著這位世界知名的銷售大師出場。當布幕徐徐拉開，台上有一個鐵架和一顆大鐵球，這名銷售大師在觀眾熱烈掌聲中出場。

這名銷售大師邀請現場觀眾，看誰可以拿著大鐵錘，將吊在鐵架上的鐵球敲動。一位觀眾自告奮勇上台，擺開架勢，舉起大錘，使勁地向鐵球敲了過去，只聽見「鏘」的一聲，鐵球動也不動，連續敲了好幾次，鐵球仍然一動也不動。

第二名觀眾上台，一樣使出全力，只聽見「鏘」的一聲，鐵球還是一動也不動。台下的觀眾從原本的興奮吶喊轉為平靜安定。

這時，這名銷售大師從西裝口袋裡拿出一支小鐵錘，用力地往鐵球敲

了下去，只聽見「鏘」的一聲，鐵球一動也不動，銷售大師不斷地猛敲鐵球，十分鐘過去了，鐵球一動也不動，台下的觀眾有一點不耐煩了，二十分鐘過去了，鐵球依然動也不動，觀眾們開始焦躁騷動，議論紛紛，三十分鐘過去了，有人開始大罵這名銷售大師原來是個騙子，有人把筆和飲料瓶往台上丟，有人開始忿然離去，有人喊累了，這時現場漸漸地安靜了下來，這名銷售大師依然聞風不動，繼續做著同樣的事情，大約到了四十分鐘時，坐在第一排的一位小姐突然大叫：「動了！動了！」剎那間，現場鴉雀無聲，大家聚精會神地看著那鐵球，鐵球慢慢地以小幅度擺盪著，後來越盪越高，越盪越高，那強大的力量震撼著現場每個人的心，後來現場爆出一陣熱烈的掌聲和歡呼聲。

在掌聲和歡呼聲中，銷售大師把小鐵錘放回口袋，並對著大家說：「各位！在成功的道路上，你如果沒有耐心去等待成功的到來，那麼你只好用一生的耐心去面對失敗，你看！當成功來臨時，你擋都擋不住呀！」

失敗的人，什麼都不做；一般的人，只做一點；成功的人，多做一點；頂尖的人，再多做一點。

♪六、人生的光榮，不在永不失敗，而在於能夠屢仆屢起

美國有一位大學籃球教練，雖然他所帶領的球隊已經輸了十場比賽，然而這位教練給隊員灌輸的觀念是「過去不等於未來」，「沒有失敗，只有暫時停止成功」，「過去的失敗不算什麼，這次是全新的開始」。

在第十一場比賽打到中場時該隊又落後對手三十分，休息時每個球員都垂頭喪氣，教練問道：「你們要放棄嗎？」球員嘴巴說不放棄，可是臉部表情和肢體動作早已表明承認失敗了，於是，教練又問：「各位，假如今天是籃球之神麥克‧喬丹遇到連輸十場，在第十一場又落後三十分的

情況，喬丹會放棄嗎？」球員說：「他不會放棄！」教練又問：「如果今天拳王阿里被打得鼻青臉腫，但在鐘聲還沒響起，比賽還沒結束前，拳王阿里會放棄嗎？」球員說：「不會！」教練再問：「假如美國發明大王愛迪生來打球，他遇到這種狀況會不會放棄？」球員答道：「不會！」教練最後問：「米勒會不會放棄？」這時現場非常安靜，球員們你看看我，我看看你，有一名球員舉手問：「教練！請問米勒是誰呀？我怎麼從來沒聽過？」教練淡淡地微笑回答說：「這個問題問得非常好，米勒就是因為在比賽時選擇了放棄，所以沒有人聽過他的名字。」

成功者永不放棄，放棄者無法成功。

七、誰說平凡中沒有奇蹟

保羅・帕茲（Paul Potts）是一個身材矮胖，長相極其平凡的手機銷售員，因為外型以及不擅言辭，再加上說話又有些結巴的緣故，使得他從小就常常被欺負，每次被欺負後，他都會用自己的歌聲來安慰自己。

長大之後，這樣的不幸，並沒有得到任何改善。遭遇各種挫折對他來說，就像是呼吸空氣般平常，做什麼事都處處碰壁，倒霉事總是離不開他，而他唯一的夢想，就是唱歌。

因此他一路逐夢到義大利拜師，騎著腳踏車風雨無阻地去學歌劇，後來在一段很短的期間內，他先是得到盲腸炎，然後又開刀切除了一個良性腎上腺瘤，在術後復原期間，他又從單車上摔下來，摔斷了鎖骨。雖然有愛妻茱莉絲（Julez）陪在身旁，但歷經一連串打擊的保羅還是感到十分沮喪。雪上加霜的是，他們夫妻的財務陷入了危機，欠下了巨額債務，他時常想著：「我活在世上的價值是為了什麼？」即便如此不順遂，但他仍沒有放棄自己喜歡的歌劇，希望能有一天能夠如願，走上自己夢想的道路，即使他身旁的人嘲笑他：「以你的長相，這輩子別想有機會站上舞台。」

即使這個夢對他而言，有千里之遙。

有一天保羅從網路上看到「Britain's Got Talent」節目（英國版的超級星光大道）選秀廣告，看到廣告後的保羅拿起一枚硬幣，他告訴自己，人頭朝上，他就去參加英國選秀節目的甄選；人頭朝下，他就放棄。向上一拋，他的生命從此走上了完全不同的方向。

保羅參加了英國選秀節目「Britain's Got Talent」節目，他知道這是他的最後一次機會，靠著自己對歌唱的熱愛，多多少少還有的一點自信，或許有機會能贏點獎金，好讓他償還債務。那天電視上舞台很簡陋，沒有酷炫的燈光與乾冰，保羅在踏出舞台前還緊張地自言自語，不知所措，穿著廉價的舊西裝，站在台上的他一心只想把歌唱好，至少這是他目前能努力做的事，對於保羅而言，這一刻，就是在他身上的奇蹟。

然而就在保羅一開口的剎那，現場的評審和全場觀眾立即被保羅的歌聲給迷住了，誰能想到這個穿著舊西裝，畏畏縮縮，矮胖身材的手機銷售員，竟能綻放出如此驚人的光芒，讓全場觀眾起立歡呼，讓成千上萬的人在螢幕前流淚。

一個從平凡手機銷售員，到家喻戶曉百萬歌手，奇蹟就從夢想開始。就像他自己在面對 BBC 專訪時所說的：「我一直以為，奇蹟只會發生在別人身上，像我這樣其貌不揚又平凡的人，上帝是不會給我任何奇蹟的。雖然說是奇蹟，但這個奇蹟其實來得一點也不偶然，為了這個短短不到五分鐘的時間，他已經準備了八年，而他所等的，就是一個一生中可能只有一次的機會，為了這個機會，他不斷地努力前進，只要你願意努力，願意前進，上帝就會給你應有的回答。」

保羅最後贏得了 Britain's Got Talent 大賽冠軍，不僅得到在英女皇前高歌的殊榮，並在隨後推出了第一張個人專輯，魅力席捲全歐洲。

保羅給了我們一個很好的示範，靠著前進夢想的力量，即使出身平

凡，但努力不懈，堅持夢想，而這力量將足以撼動世界和你我的心。就像這個節目中，有位裁判所說的話一樣：「我最喜歡這個節目的理由，是因為我能夠看到一個平凡的人，做著平凡的工作，但在他身上，卻閃耀著一種力量，一種不可思議的眩目光亮。」是的，真正感動人的力量，真正炫麗的光芒，往往是藏在一個就像你我一樣平凡的人中，沒錯！親愛的朋友，你的身上，一定也藏有這樣的光芒，就等著某一天發光發熱。

♫八、跑出生命的寬度

　　林義傑出身在一個平凡的家庭，爸爸在大同公司上班，媽媽從事家庭理髮，從小到大，林義傑的父母親對於他的管教態度放任多於約束。林義傑表示自己從小就好動、好奇心旺盛，喜歡從事各類型的運動，是個一下課就馬上往外跑的小孩子。不過在所有的運動中，林義傑從小就偏愛可以「獨處」的運動，雖然他也喜歡籃球、足球、棒球……等需要團體活動的運動，但是他特別喜歡一個人靜靜地跑著，同時面對自己的心跳、脈搏的真實感，加上跑步這項運動較其他運動沒有身材的限制，讓身形較為嬌小的林義傑可以有發揮的空間，於是吸引他沉溺於其中。

　　然而對當時的林義傑而言，這只是一項單純的休閒娛樂，他從來也沒有想過自己未來將會藉由跑步去認識全世界，也讓全世界透過跑步來認識他這一號人物。

　　後來他參加了一些比賽，沒想到卻意外一舉奪得國內組第一名，總成績第三名的佳績。誤打誤撞參加此次比賽的林義傑開始思索投入馬拉松的領域，他相繼參加了1999年、2000年台北國際二十四小時超級馬拉松……等比賽，屢創佳績的他逐漸嶄露頭角，近幾年他開始把觸角往外延伸，參加國外的七天六夜超級馬拉松競賽，一步步建立自己的長跑王國。在2002年參加台北國際一百公里馬拉松賽男子組獲得冠軍之後，林義傑開始轉戰

業務九把刀

國際級的賽事。同年他便參加了第十七屆的「撒哈拉沙漠七天六夜橫越賽」，在六百名參賽者中脫穎而出，榮獲了第十二名的佳績。2003年他乘勝追擊，參加了第一屆「中國大戈壁七天六夜超級馬拉松賽」，獲得第三名成績。之後兩場巡迴賽分別在智利阿他馬加寒漠以及亞馬遜叢林舉辦，林義傑分別取得了冠軍、亞軍的成績。2005年的撒哈拉超級馬拉松以及今年的南極冰原超級馬拉松更讓他的知名度向上躍升，成為國人熟知的「超級馬拉松」代言人。

在艱困的環境中比賽，讓林義傑藉此鍛鍊了超人般的意志力。在這些賽事中，林義傑表示，最讓他印象深刻的是亞馬遜叢林中的體驗，當時由於他的身體極度不適，還不小心得到腸胃炎，在生理和心理都面臨考驗的同時，他還是忍痛跑完了全程，最後還獲得了第二名的成績。亞馬遜叢林的自然環境和其他地方相較起來迥然不同，也讓第一次身歷其境的林義傑感受到叢林裡獨特的神秘魅力，讓他留下了深刻的印象。

我曾經現場聽過林義傑的演講，他說：「成功就是永不放棄！」人生如同一場長遠的競賽，一場意志力及夢想堅持的競賽，你可以選擇退出或者選擇面對，有些夢想可以使成就更偉大，林義傑跑出了堅持，跑出了意志，我相信它比結果更為重要。你現在是否繼續跑著，朝你的目標邁進呢？

九、一生只有兩天，「第一天」和「最後一天」

賈伯斯是蘋果公司的創辦人，話說1985年，賈伯斯被自己創立的蘋果公司掃地出門，可以想像當時對他的打擊有多大，但是賈伯斯只鬱卒了一下子，很快就振作起來了。

有一天他在一所大學演講，「她」坐在聽眾席聆聽，賈伯斯被「電」到了。活動一結束，賈伯斯就去跟「她」聊天，拿到了電話號碼。原本想

開口約「她」當天晚上一起吃晚餐，可是又正好有個會議要開，只好把快要說出口的話，又吞了回去。

當賈伯斯準備去開車離開時，他問了自己一個「老問題」，這是他每天早上面對鏡子問自己的一個問題：「如果今天是我這輩子的最後一天，我今天要做些什麼？」答案出來了。

賈伯斯馬上跑回去演講廳找「她」，並約她一起去共進晚餐。這位「她」，就是賈伯斯現在的老婆。

賈伯斯曾經說過：「提醒自己快死了，是我在人生中面臨重大決定時，所用過最有效的方法，也是我所知避免掉入畏懼失去的陷阱裡最好的方法。因為幾乎每件事，所有外界的期望，所有的名聲、所有的恐懼，在面對死亡時，都消失了，只有最真實重要的東西才會留下。」

我們有時也可以靜下心來，問問自己「最後一天」這個問題，如果今天是我這輩子的最後一天，我今天要做些什麼？「第一天」又是什麼呢？當「第一天」入學讀書時，我們對學校、老師和同學充滿好奇心，當「第一天」進公司上班時，我們謙虛有禮，願意學習，充滿衝勁和動力，當「第一天」約會，我們小鹿亂撞，珍惜相處的每一刻，希望時間能夠暫時停止，當「第一天」晉升時，新官上任三把火，滿腦子的好點子，好計畫，巴不得趕快達成我要的目標和理想，回想我們做任何事的「第一天」，都是我們最有活力的一天。時光不能倒流，但態度可以回轉。

一生只要兩天，就擁有了每一天。**用「最後一天」的心情去選擇下一步，我們會更有方向；用「第一天」的態度去做每一件事，我們會更有活力，更能成功。**

十、不要讓昨日的沮喪讓明天的夢想黯然失色

在美國有一個警察，他有一個漂亮老婆和一個可愛的小孩，他們每

週假日都會帶全家大小去海邊玩，每次老婆和小孩都會指著海邊的一棟別墅，跟這個警察說：「爸爸！那個別墅好漂亮喔！我們什麼時候可以住在那裡？」警察說：「唉呀！那是有錢人住的地方，不要想太多。」每次太陽下山，他的老婆就把東西收一收準備回家。每次回家後這個警察都在想：「總不能每個週末去海邊玩都被問同樣的問題。」有一天這個警察看了一本書後決定下定決心想成為有錢人，他就利用每天下班時間兼差賣鞋油，剛開始他向同事和親朋好友推銷，但是只要有連續兩個人拒絕他，他就放棄了，都要過好幾天才能再振作起來。

有一次他老婆就問他：「為什麼有人可以住在別墅，過美好的生活？」警察回說：「我已經很努力了妳沒看到嗎？我每天下班後還兼差，賣了好多鞋油妳沒看到嗎？」這個警察的老婆每次去海邊都跟她老公溝通，每次都在想要如何激勵她的老公。

就這樣的日子過了兩年，這個一家三口還是一樣每個週末去海邊玩，孩子也越來越大了，直到有一天這個警察的老婆和小孩都不再問那個問題了。這時這個警察在想：「我是個男人，應該要爭氣一點，我的決心每次都被他人的拒絕而打敗，我的夢想總是被他人潑冷水而放棄，這就是我想要過的生活嗎？我的生命不要再被他人主宰，我可不可以拿出做警察的勇氣和決心。」從那一天開始，每當有人拒絕他時，他就換下一個，就這樣簡單的事情一直重覆做，一直重覆做，他已經忘記當初有多少人拒絕他了，當他在講這些話時是在海邊的一棟別墅裡，有一個記者正在採訪他，記者問：「警察先生！然後呢？然後呢？」警察拿起一個搖控器一按，記者看到他家一整面落地窗的窗簾慢慢被拉開，記者：「哇！的一聲！好漂亮的風景！」接著警察又拿起另一個搖控器一按，從落地窗斜斜地往外看，看到一個很大的車庫，車庫的門慢慢升起，記者看到一架飛機的屁股，記者問：「哇！警察先生，這是你的嗎？」警察先生回答：「嗯！是

我的！當我願意為我的人生，我的每一件事，我的每一句話負責時，我的決心告訴我，我值得擁有這一切。」

　　這個故事不是告訴我們一定要住別墅，一定要擁有私人飛機，而是你的決心到底在哪裡？在你的行業你到底願意付出多少努力和代價？當你下定決定後，有人會告訴你我沒有時間，我沒有錢。《富爸爸窮爸爸》的作者羅勃特‧清崎（Robert Kiyosaki）說：「每個人都有藉口，當有人跟他說沒有時間，他就會告訴他你在說謊，請誠實面對你自己的心，你不是沒有時間，只是你不願意撥出時間不是嗎；當有人跟他說我沒有錢，他就會請他摸摸自己的心臟，聽聽自己的心跳聲，請問那些有錢人哪一個不是白手起家，一開始也都是沒有錢不是嗎？就是因為你沒有錢，現在才要開始學習賺錢的方法不是嗎？」

練功坊

❶.了解每位夥伴的背景，價值觀和工作的動機目的。

❷.根據每位夥伴的狀況，採用不同的激勵方法。

第7章

屠龍刀
如何領導團隊

Nine capabilities
salesmen should possess

屠龍刀 源自金庸小說——《倚天屠龍記》。小說中有一傳說：「武林至尊，寶刀屠龍，號令天下，莫敢不從！」所以屠龍刀象徵著領導人。

在本章一開始，我想先跟大家溝通一個觀念，無論你現在是否為主管，哪怕只是一個業務員，你就是領導者。

你曾經鼓勵、影響和幫助過別人嗎？

你規畫過你的生活和生涯了嗎？

你曾經跟別人協調合作，完成一些目標嗎？

以上三個問題，你的答案只要有一個是肯定的，不管你有沒有意識到，其實你就是一個領導者。在生活中，你不需要頭銜，也可以成為領導者。相對地，即使你有了頭銜也未必會成為一個好的領導者。領導大師約翰・麥斯威爾說：「領導力就是一種正面積極的影響力。」

領導可以包含向上、橫向、向下和自我領導四大面向，即使你現在不是主管，但是你可以影響你的同事不要放棄，你可以影響你周遭的人更正向積極，你可以領導部屬達成目標，你也可以領導你的主管得到他的信任和分擔他的工作，你更可以領導自己讓夥伴們願意跟隨著你。換句話說，**領導力是你的選擇，而不是你的職位。**

所以無論你現在是業務員還是主管，還是想要開發自己領導潛能的職場新秀，接下來的內容對你很有幫助。 在本章節裡，你將會學到：

- 領導者應具備的六大特質
- 領導者應具備的六大能力
- 十大領導哲學
- 十大領導法則
- 九大領導關鍵

　　根據我的研究，管理和領導意義是不太相同的，「管理」是規劃、組織、領導與控制組織成員的行為表現，善用組織中各種資源，以達成組織預定目標；而「領導」是透過影響力的發揮，引導夥伴方向，結合夥伴意志，以達成組織目標的一門藝術。世界領導學之父華倫·班尼斯（Wannen Bennis）：「領導者做對事情，管理者則把事情做對。」

　　世界知名的競爭策略大師麥可·波特（Michael E.Porter）曾說：「一個領導者的能力表現，並不在於指揮別人，而是在指揮自己跳出最美的舞蹈。」意即新一代的領導者，除了指揮他人為公司拚業績，以及充實自己的專業技能之外，還必須具備領導者的特質與能力。

　　根據麥吉爾大學的康格（Jay Conger）和卡儂格（Rabindra Kanungo）所進行的一項研究指出，現代領袖魅力的特質如下：

1. **自信**：對自己的判斷力及各種能力有無比的自信心。
2. **遠見**：他們有理想的目標，堅信未來一定比現在更加美好，當理想目標和現況的差距越大時，夥伴就越認為領導者具有遠見卓識。
3. **做事靈活有彈性**：領導者的行為多半被認為是創新的或反傳統的。當獲得成功之後，這些行為將會受到夥伴的崇敬。
4. **清楚表達願景**：他們能夠清楚陳述願景，並讓所有人深信，這是大

家所要共同追求的目標，而這將會成為組織內部的長期激勵因素。

5. **對目標有堅定的信念：**他們具有強烈的奉獻精神，願意從事具有高度挑戰性、冒險性的工作，並且勇於承擔極大的風險代價，甚至為了達成目標，而願意自我犧牲。

6. **對環境有高度敏感度：**他們能夠順應外在社經環境的變遷與發展，並針對有待變革的組織制度及資源，進行確實可行的規劃評估。

　　想要了解自己是否具備領導者的特質，可以藉由上述的特質自我檢視，優秀的你，擁有幾個特質呢？

成功領導者都有的六大能力

Nine capabilities **salesmen should possess**

領袖最基本的構成要素,就是溫和的言語和寬廣的心胸。想要領導出高績效的業務團隊就要走出自己的心理直覺模式,不以主觀的直覺去斷定夥伴優劣,而是試著發掘每個夥伴特有的長處。當你能夠欣賞每個夥伴的優點時,就能讓夥伴對你產生信賴感,如此在夥伴眼中,你就會是一個充滿領袖魅力的人。

一個成功的領導者該具備哪些能力,才能有效領導團隊,邁向巔峰呢?

一、溝通能力

為了了解組織內部夥伴互動的狀況,傾聽夥伴的心聲,一個領導者需要具備良好的溝通能力,其中又以「善於傾聽」最為重要。唯有如此,才不至於讓夥伴不敢提出建設性的提議與需求,而領導者也可藉由夥伴的認同感,理解程度及共鳴,得知自己的溝通技巧是否成功。

所謂的溝通即是在於將自己的想法傳達給他人,並且希望藉此得到對方回應的一種言語行為。當主管與夥伴溝通時,必須注意以下六大重點:

1. 不妨在進入談話主題之前,先詢問夥伴的意見,才能充分掌握夥伴

對於接下來的談話內容，所抱持的關心度、興趣，以及理解的程度。

2. 最好避免抱持「高度主管立場」的自我意識，事成之後，不要忘了任務或工作的成功，也是源自於夥伴辛苦的執行，故應當給予夥伴適當的獎賞與鼓勵。

3. 身為領導者，適時將訊息傳遞給夥伴們，讓其明確得知，做好縱向的溝通。

4. 當你有事情必須求助夥伴的幫助時，最好能明確告知夥伴你的用意，像是你希望他如何進行，又為何會挑選他執行這項任務，以及其他相關的具體事項。

5. 當你發現夥伴在你下達命令時，臉上總是「按照你說的去做，我只聽命行事」的不耐煩表情，或是讓你感覺到他有一種「人在屋簷下，不得不低頭」的受辱感時，你就必須開始反省自己平常的言論是否過於獨斷專行，是否因而忽略了夥伴的想法與感受，造成夥伴對你的反感。

6. 遇到迫不得已的狀況，導致計畫變更時，領導者必須對夥伴坦誠相告，讓其明瞭情況，並且盡可能告知下一步可能會採取的應變措施，以便讓夥伴有時間做好準備。

二、協調能力

優秀的領導者必然具備了高度的協調能力，你可以化解夥伴之間的爭端，部門之間的矛盾，不會對組織內部的衝突視而不見，或是隨著夥伴的情緒而上下波動。面對衝突事件時，你會召集相關人員，直接釐清衝突的原因，並且在衝突萌芽之際，就立即採取化解之道，甚至化阻力為助力。

一般說來，當夥伴之間在利益、意見、態度和行為方式等方面，產生

了不協調與矛盾的狀況時，衝突往往也會伴隨而來。而這類人事衝突又會對日常的工作秩序，造成不同程度的危害，對於公司發展目標的實現，更會產生難以預估的負面效應。

不管是哪一類的衝突，總是由道德行為、個人價值觀，以及情感上不能相容的矛盾點所形成，因為每個人的生長環境、脾氣、個性不一，所以會有差異或矛盾是理所當然的。但是，雙方如果一直不能在矛盾點取得平衡，或是彼此始終不能相互諒解，那麼日積月累的不滿發展到一定的程度後，就會加速衝突的發生。

社會學家認為，一個群體之間的矛盾，就像是一個正在充氣的大氣球，必然會越積越多，因此，必須在達到爆破的極限前，先釋放出一些氣體，以避免衝突的表面化。由此看來，領導者適時紓解夥伴之間的矛盾情緒，也就顯得格外重要。

當企業內部有人對關心的議題或相關人士，做出比較偏激的批評後，負面的評價緊接著就會被廣泛流傳，這種批評充滿了情緒性的反應，而且傳染得相當快速。這些情緒性的態度一旦外顯，就會在公司內部引發對立，尤其是當部分人士的需求無法獲得滿足時，對立的情況將會迅速惡化，嚴重者甚至還會爆發大規模的衝突對峙。

舉例來說，假使一家公司制定了合情合理的福利制度，但卻未曾讓員工提出異議，那麼當某部分員工的需求得不到滿足，或者認為待遇不公平時，此福利制度的疏失，可能就會被無止盡的誇大、強調，進而影響到所有人。如此一來，原本規劃完善、立意良善的福利制度便會顯得漏洞百出，少數人的不滿也演變成全體員工的憤怒。

由此可知，一個領導者應該要能敏銳地覺察夥伴的情緒，並且建立疏通、宣洩的管道，切勿等到對立加深、矛盾擴大後，才急於著手處理與排解。此外，對於情節嚴重的衝突，或者可能會擴大對立面的矛盾事件，

更要果決地加以排解。即使在狀況不明、是非不清的時候，也應即時採取降溫、冷卻的手段，並且在了解情況後，立刻以妥善、有效的策略化解衝突。

由於每個人思考的角度不同，所以免不了會有意見不合的狀況發生，當你在面對立場不同的意見時，在初始階段就要進行協調，千萬不要等決策定案後，才讓夥伴提出反對意見。

三、規劃與統整能力

稱職主管的規劃能力，並非著眼於短期的策略規劃，而是長期計畫的制定。換言之，卓越的領導者必須深謀遠慮、有遠見，不能只看得見現在而看不到未來，而且要適時讓夥伴了解公司的願景，才不會讓夥伴迷失方向。特別是進行決策規劃時，更要能妥善運用統整能力，有效地利用夥伴的智慧與既有的資源，藉以發揮最大的團隊力量，避免人力的浪費。

約翰·米勒（John G. Miller）所著的《QBQ——問題背後的問題》一書中提到，有一次，他到加油站附設的便利商店買咖啡，可是咖啡壺是空的，於是他跑去和櫃檯的小姐說：「對不起，咖啡壺空了。」櫃檯小姐一聽，只是站在原地，用手指著不遠處的同事說：「咖啡歸她的部門管。」米勒對她的回應感到驚訝，他心想：「部門？在這個和我家客廳同樣大小的小商店內，還分什麼部門？」

事實上，許多企業都有這種狀況，只要工作一旦出了問題，各部門常會相互推卸責任，沒有人肯承擔錯誤。米勒認為，多思考一些有擔當的問題才能改善組織、改進生活，每個人都要以「該如何」來發問，而不是以「為什麼」、「什麼時候」、「是誰」做為主題來提出問題。而且，在敘述事情時，要盡可能包含「我」字在內，而不是一味地說「他們」、「我們」、「你」或「你們」。最重要的是，要把焦點放在具體的行動上，而

不是找理由解釋無法行動的原因。

　　對於領導者來說，規劃與統整能力的具體實踐就是「行動」，行動的結果就是解決，不行動只能維持現狀，並讓事情發展停滯或倒退。因此，儘管行動有可能會帶來錯誤，但也會同時帶來學習和成長，所以有機會成為主管的你除了要培養規劃與統整能力外，更要具備高度的行動力！

四、決策與執行能力

　　在民主時代，雖然有許多事情以集體決策為宜，但是領導者仍經常須獨立決策，包括分派工作、人力協調、化解員工紛爭等等，這些都在考驗著領導者的決斷能力。

　　常言道：「無不可用之兵，只有不可用之將。」一個領導者若無法妥善分配公司資源，或者無法制定正確的決策，即使擁有再優秀的團隊也是無用。因此，當你在制定決策的過程中，要善於採納建言，以及適時徵詢夥伴意見，就算夥伴對決策沒有異議，領導者也不應就此以為自己的計畫完美無誤，因為夥伴多半會礙於你是主管、你是上司的職場優勢，而選擇不當面提出批評，所以反而應該多多鼓勵夥伴發表不同意見。

　　至於如何鼓勵夥伴發言？你可以多用疑問句，少用肯定句，不要讓夥伴感到壓迫，與此同時，也可主動提出自己對決策的疑慮，引導夥伴提出見解。當你廣納夥伴的意見後，就能修正自己擬定的方案，明確制定出更完善的決策。另外值得注意的是，當你決定要採用某位夥伴的意見時，也要顧及意見未被採用者的感受。

　　首先，你要肯定其他夥伴的辛苦付出，再以委婉的語氣說明意見不能被採用的原因，並且盡量不要讓夥伴產生「勝利者和失敗者」的感受，否則他們彼此之間將會產生隔閡或心結，進而劃分為兩派不同的小團體。

　　此外，語言是人類溝通的工具，但是在溝通過程中，經常會發生很多

謬誤的情況。這是因為每個人對語言的解讀程度、表達能力不同，所以同樣的一段話，說的人可能自覺十分清楚，但是聽的人卻覺得無法理解，或是造成說者無心，聽者有意的情形，有鑑於此，領導者在確定決策方案，預備下達執行指示時，要注意確認「6W、3H、1R」此十項原則，才能讓夥伴確實地執行決策。

這十項原則即是：

1. Who：何人？針對何人發布、執行命令。

2. What：何事？先傳達清楚要交派夥伴做什麼事。

3. When：何時？限定事情要在什麼期限內完成？

4. Where：何地？該在何地實行計畫？

5. Why：為什麼？制定計畫的理由、目的為何？

6. Which：何者？制定策略的施行先後次序為何？

7. How：如何做？指實施的方法與手段。

8. How many：多少數目？指手中掌握資源的數量有多少？

9. How much：多少數量？指執行此事的「力道」、「力度」要有多深？

10. Result：領導者要設定應達成的預期目標。

以上這十項並非要全盤照做一遍，重點是要把它們牢記在心，視情況隨機應變，不要讓自己遺漏任何環節。

五、統御能力

有句話是這樣說的：「一個領袖不會去建立一個企業，但是他會建立一個組織來建立企業。」根據這種說法，當一個領導者的先決條件，就是要有能力建立團隊，才能進一步建構企業。但無論領導者的角色再怎麼複雜多變，贏得夥伴的信任都是首要的條件。

優秀的領導者懂得信任夥伴，並真心關懷夥伴，也知道感恩，不會一心只想控制、支配夥伴，而是時時激勵大家，以順利完成工作目標。簡單的說，沒有人希望自己的主管是斤斤計較、冷血無情的人，所以你必須關心客戶與公司營運，甚至關注夥伴的心情。

成功的領導者是一個為了幫助他人而工作的人，你會讓夥伴體會到工作是一種樂趣，並對工作充滿期待，如果你只想榮耀自身，你就不是稱職。帶人要帶心，把榮耀歸給夥伴，讓夥伴心甘情願的順服，而非陽奉陰違的屈從。

六、培訓能力

一旦有一天你成為主管、領導者，你必然渴望擁有一個實力堅強的工作團隊，因此，培養優秀人才，也就成為領導者的重要任務。

聰明的領導者會盡量往下授權，讓夥伴參與可行的計畫，並讓夥伴代表公司對外洽公，這些都是可以培養夥伴自信心、決斷力的好方法。教育是改變一個人的思考模式，訓練是改變一個人的行為模式，有關教育訓練可分成四大培訓方法：

1. 實習培訓法

這是藉由觀察主管的處事風格、態度、行動和行為而學習的方法，就是我們所說的「身教」。領導者若採用此法，就會成為夥伴見賢思齊的模範。

2. 教育培訓法

這是最基本、最直接的培訓法，舉凡夥伴不知道的知識、技能、工作態度，或是其他相關的學習領域，領導者以教導、說明、建議、交談等方

式，直接給予夥伴指導與建議。

3. 體驗培訓法

　　讓夥伴實際參與工作的進行，分配部分的工作給夥伴，要求夥伴寫工作報告，或者促使夥伴多發表意見和看法等方式，都是領導者藉由讓夥伴親身去體驗，快速達到自我成長目標的培訓方法。

4. 主動培訓法

　　成長的原動力來自於自我學習，故與其讓夥伴被動地接受外在的教導，不如灌輸夥伴主動學習的觀念。而身為主管的你所要做的事情，就是從旁給予激勵、讚美、安慰，接受夥伴的疑問，充當夥伴的諮商對象，或者將較難解決的工作交由夥伴處理，藉以激發夥伴的潛能。

帶人又帶心的十大領導哲學 7

Nine capabilities **salesmen should possess**

世界領導大師約翰・麥斯威爾（John C. Maxwell）說：「領導就是願意冒險，能夠喚起別人作夢的能力，為別人帶來改變的熱情，當別人都在找藉口時，卻承擔責任，當別人看到限制時，卻看到可能性。」以下與你分享專業經理人都具備的十大領導哲學：

一、身先足以率人，律己得以服人

有一隻青蛙生活在井裡，享有十分充足的水源。牠對自己的生活很滿意，每天都在井底歡樂歌唱。

有一天，一隻鳥兒飛到井邊歇息。青蛙主動對牠打招呼說：「你好，你從哪裡來啊？」鳥兒回答說：「我從很遠很遠的地方來，而且還要到很遠很遠的地方去，所以感覺很疲累。」

青蛙很吃驚地問：「天空不就是那麼一點大嗎？你怎麼說很遙遠呢？」鳥兒說：「你一生都在井裡，看到的天空只有井口的大小，怎麼能夠知道外面的世界有多遼闊！」

青蛙聽完這番話後，驚訝地看著鳥兒，一臉的茫然與失落。

「井底之蛙」是多數人早已熟知的故事，但在現實生活中，我們仍可見到許多「井底之蛙」，陶醉在自我的狹小領域中洋洋自得。領導者千萬

不能像井底的青蛙，只會坐井觀天，有時帶著第一線業務衝鋒陷陣，才能讓夥伴們信服，更能有效地因應激烈的市場競爭，在競爭中獲得生存。

二、找到問題的根源

青蛙醫生在池塘邊開了間診所，不過生意一直很冷清。一天，診所裡來了一隻大兔子和一隻小兔子。小兔子摀著嘴巴喊痛，青蛙問小兔子是不是牙痛，小兔子說是；青蛙又追問小兔子為什麼牙痛，小兔子想了想，回答說可能是啃了木頭的緣故。

青蛙醫生給小兔子開了些止痛的藥，又囑咐小兔子以後不要再啃堅硬的東西。這時站在一旁的大兔子聽後，忽然哈哈大笑地說：「我們兔子的門牙會不停地長長，如果不去磨牙，我們的嘴就無法閉起來了。小兔子牙痛，是因為牠還沒適應磨牙，所以只要給牠一點止痛藥就可以了，你現在叫牠不要磨牙，豈不是害了牠嗎？你是醫生，卻不懂對症下藥，難怪大家都說你醫術不好，不找你看病！」

青蛙與兔子的問題，在組織中有時也會遇到。很多時候，我們並沒有研究問題的癥結，而是憑藉主觀的判斷就做出決定，結果問題不但沒有得到解決，反而繼續惡化。例如：為何客戶一直流失，為何客戶一直抱怨，為何業務夥伴整體業績下滑等，因此，身為領導者的你必須懂得挖掘根源，找到問題的癥結點，才能有效地解決問題、化解危機。

三、有效凝聚團隊共識

相傳在古希臘時期的塞普勒斯城，有七個小矮人受到了可怕咒語的詛咒，因此被迫關在一座與世隔絕的城堡中，他們找不到任何人可以求助，沒有糧食，沒有水，隨著日子一天一天過去，七個小矮人越來越感到絕望。就在他們心灰意冷的時候，一位名叫阿基米德的小矮人，意外在夢中

得到守護女神雅典娜的指示。

　　雅典娜告訴他，在這座城堡裡，除了他們待的那間陰濕的儲藏室之外，還有二十五個房間，其中有一個房間藏有蜂蜜和水，可以讓他們維持體力。另外還有二十四個房間，總計藏有二百四十塊的玫瑰紅寶石，只要收集到所有的寶石，並把它們排成一圈，可怕的咒語就會解除，小矮人們也就能逃離厄運，重返家園。

　　第二天，阿基米德迫不及待地把這個夢告訴了其他的六個夥伴，其中有四個人不相信他，只有愛麗絲、蘇格拉底願意和他一起努力。

　　開始的前幾天，愛麗絲想先去找些木柴生火，因為這樣既能取暖，又能讓房裡有些光線；蘇格拉底則想先去找藏有食物的房間；阿基米德則想先把寶石找齊，好能快點解除咒語。

　　由於三個人的意見遲遲無法統一，他們只好先按照自己的意願，各自找尋，但幾天下來，三個人都耗盡心力卻毫無所獲，而這樣的結果，也讓他們不斷地受到其他四人的取笑。但是，他們三人並沒有就此放棄，失敗讓他們意識到應該團結起來，因此，他們決定先找火種，再找吃的，然後再一起尋找寶石。

　　果然，他們在城堡左側的第二個房間，找到了大量的蜂蜜和水，這個發現不但鼓舞了阿基米德三人，連原本不相信的其他四人，也決定與他們一起尋找寶石。終於，他們找齊了所有的玫瑰紅寶石，將寶石排成一圈，解除了詛咒，七個小矮人也平安地返回了家鄉。

　　有時會有各式各樣的因素妨礙團隊合作。例如：行銷人員不考慮成本，業務部門認為產品沒有賣點，領導者和執行者因為溝通不良，進而產生摩擦與誤解，執行者抱怨領導者不了解實務上的困難，而領導者對執行者的抱怨也頗有微詞。領導者若無法有效凝聚共識，一旦導致組織內部意見不合，產生「多頭馬車」的狀況，企業將會陷入混亂，並因而造成損

失。因此，凝聚團隊共識，對領導者而言是非常重要的。換言之，當領導者制定出明確的目標，並在組織內部形成緊密合作的團隊，才能為團隊創造最大的利益。

四、像狼一樣勇往直前、不屈不撓

一頭羊到了天堂，牠對聖彼得說：「我的頭上有一對角，是攻擊敵人和保護自己的利器，但我為什麼還是被手無寸鐵的狼給吃掉了呢？」

聖彼得說：「雖然你和狼都是哺乳動物，但你是以草、葉為生，狼則以肉為生。在陸地上，只要是有水的地方，遍地都是野草和喬木，你想吃的時候，只要張嘴即可，生存比狼容易得多；而狼的生存則是寄託在戰勝對手、吃掉對手的方式上，否則就會餓死。你們羊太安於現狀了，缺乏自我保護的意識和群體合作的能力，雖有龐大的羊群，卻不懂得合力抵禦敵人的侵襲。」

聖彼得接著又說：「從狼的身上，你可以看到牠們具有發現獵物的敏銳嗅覺，還有在向獵物發動攻擊時，所展現的那種勇往直前、不屈不撓的精神和勇氣。牠們把兇狠和機智結合在一起，提升了戰勝獵物的能力，更重要的是，狼群懂得集體行動，共同對抗敵人，也因此不容易遭受攻擊。換句話說，你被你的羊性所侷限，而狼則發揮了牠的特長。這就是你為什麼會被狼吃掉的原因。」

一個優秀的領導者就該像狼一樣，具有發現獵物的敏銳嗅覺，以及勇往直前、不屈不撓的精神和勇氣，然後再帶領他的夥伴向目標進攻，取得勝利的果實。

五、放棄眼前小利，才能獲得長遠利益

年輕人向富翁請教成功之道。富翁拿了三塊大小不等的西瓜放在年輕

人面前問他：「如果每塊西瓜代表一定程度的利益，你選哪一塊？」年輕人毫不猶豫地回答：「當然是最大的那塊！」富翁聽了，笑道：「好，那請用吧！」富翁把最大的那塊西瓜遞給年輕人，自己則吃起了最小的那塊西瓜。

很快地，富翁吃完了小塊西瓜，他拿起桌上那塊第二大的西瓜，在年輕人年眼前晃了晃，接著大口吃了起來。

年輕人馬上就明白了富翁的意思！富翁吃的西瓜雖然每一塊都比年輕人的西瓜小，但加起來之後，卻比年輕人吃的多。而如果每塊西瓜各代表了一定程度的利益，那麼富翁所占的利益自然要比年輕人多得多。

很多時候，我們都以為最大的利益就是最好的利益，但等到我們把事情完成後才會發現，原來這需要耗費那麼多的精力和時間。如果我們用相同的精力和時間去做其他事情，雖然無法一次得到最大的利益，但當做的事情多了，各個利益總合的結果，就會比只做一件事情所得的利益多出許多。一個領導者想要有更大的發展，就必須懂得放棄的藝術，只有放棄眼前的蠅頭小利，才能獲得更大、更長遠的利益。例如：你陪業務夥伴拜訪客戶，如果成交了硬要跟夥伴分比較多的業績，表面上你贏了，但以長遠來看，那個夥伴以後也會用你對待他的方式來帶新人，那整個業務團隊就會變成以個人利益為中心，這就不是一個好現象。

六、注意每個小問題的開端，並立即處理

美國心理學家詹巴度（Philip Zimbardo）曾於一九六九年，在美國加州進行一項有趣的試驗。他把兩輛一模一樣的汽車，分別停放在兩個不同的街區。其中一輛原封不動地停放在帕羅阿爾托的中產階級社區，另一輛則拿掉車牌、打開天窗，停放在雜亂的布朗克斯街區。

結果，停在中產階級社區的汽車，過了一個星期還完好無損地停在原

處，而打開天窗的汽車，不到一天就被偷走了。後來，詹巴度把完好無損的汽車敲碎一面車窗，結果在幾小時不到的時間內，這輛車就失竊了。

以這項試驗為基礎，美國政治學家威爾遜（James Q. Wilson）和犯罪學家凱林（George L. Kelling）於一九八二年提出了「破窗理論」。

他們認為，如果有人打破了建築物的一塊玻璃，又沒有及時修復，他人就可能受到某些暗示性的鼓舞，進而去打碎更多的玻璃。久而久之，這些破窗戶就給人帶來一種失序的感覺，於是犯罪也就因此而滋生、蔓延。

提出「破窗理論」的兩位學者，認為犯罪是失序所造成的結果，而這項推論的結果，在組織中也有著重要的借鑑意義。有時都是由於一些小問題未獲得即時性的解決，在經年累月之下，反而衍生出各種重大弊端。所以，領導者必須即時修好「第一個被打破的窗戶」，以防範禍患的萌芽，杜絕亂源的開端。因此，在面對問題時，小題大做的處理態度，有時是絕對必要的。

七、解決問題比追究責任更為重要

夏日的午後，一個小孩獨自到河邊玩耍，不小心掉進了河裡。河水又深又急，就在小孩快被河水吞沒的時候，他突然抓住了從岸邊伸出的柳樹枝。

他一邊拚命地抓住樹枝，一邊大聲呼喊：「救命呀，有人落水了！」這時正好有一個老師經過，他聽到呼救聲，跑過來一看，見到小孩正在垂死的邊緣掙扎。小孩心想，這下可有救了，趕緊向這位老師求救。然而，那個老師卻不慌不忙地站在岸邊，開始說教起來。

「你這個孩子，今天的事情就是你平時太頑皮的結果，你一定要記住這個教訓啊！」小孩以為老師說完這些話，就會拉他上岸，沒想到老師又開始說道：「雖是自作自受的惡童，但仍是一條寶貴的性命啊！我獻身教

育界並不要求有什麼利益或回報，只希望像你這樣的孩子可以真心改過，不再犯錯。」在說了這麼一長串的大道理後，只見這位老師慢慢地開始脫鞋，並對小孩說：「再忍耐一下，我馬上就來！」這時已經快支撐不住的小孩哭泣著說：「請快救我起來，然後再來責備我吧。」

我們不知道這個小孩最後是不是會被安全地救起，只知道這個老師的說教浪費了太多寶貴的時間和機會，而在企業管理的過程中，類似這般「不分輕重緩急」的情況，也時常發生。在出現問題時，首先要想到的應該是如何解決它，而不是去追究問題產生的緣由。與其在會議上爭吵不休，相互推卸責任，還不如集中精力先將問題解決了再說。任何事情都要分輕重緩急，管理工作更是如此。在一個組織裡，大家很容易在無關緊要的事情上爭論不休，這樣不但無法解決問題，更是在白白浪費時間。

八、將自身的目的和對方的利益相結合

一位教授向一班學生講授領導與管理的課程，他給其中四個同學出了一道題目，上面寫著：「現在由你來領導本班，讓大家全部自動走到教室外面。切記！要讓大家心甘情願！」

第一位同學不知道怎麼辦才好，無奈地回到座位。

第二位同學對全班同學說：「教授要我命令你們都出去，聽到沒有？」全班沒有一個人走到教室外面。

第三位同學想了想後，說：「大家聽著，現在教室要打掃，請各位離開！」但仍然有一部分人留在教室內，等待分配打掃的工作。

第四位同學笑著對大家說：「各位同學，午餐時間到了，現在下課！」

不到幾秒鐘，整間教室的人就全走光了。

這個故事提醒我們若試圖以職場權威壓人，或者利用一些理由強迫

說服他人時，往往都很難收到良好的效果。但是，你若能讓自己的目的與對方的意願和切身利益相互結合，然後以此來說服對方，結果通常都會是「雙贏」的局面，而且也會獲得對方的全力配合。

♬九、信任人才並有效授權

有一個老人非常寂寞，看到鄰居家養了幾隻鸚鵡，就也想買一隻。一天，他來到鳥市，看見許多大大小小的鸚鵡。他走到一隻鸚鵡面前，發現標示牌上寫著：此鸚鵡會說兩種語言，售價二千元。隨後，他又走到另一隻鸚鵡前面，標示牌上寫著：此鸚鵡會說四種語言，售價四千元。

老人對於該買哪一隻鸚鵡感到苦惱，因為兩隻鸚鵡都毛色光鮮、活潑可愛，一時之間，他很難做出抉擇。後來老人決定繼續走走看看，以便看看有沒有其他更合適的鸚鵡。

最後，他發現了一隻老鸚鵡，牠不但老到掉牙，毛色也暗淡散亂，他猜想有誰願意買這隻老鸚鵡呢？可是當他走近標示牌一看，卻嚇了一跳！這隻鸚鵡的標價竟然高達八千元！

老人趕緊詢問老闆：「這隻鸚鵡是不是會說八種語言？」老闆搖搖頭說：「不。」

老人聽了覺得很奇怪，便又問道：「既然牠又老又醜，也沒有什麼特殊能力，為什麼要賣這麼高的價格呢？」老闆笑了笑，回答說：「因為另外兩隻鸚鵡叫牠老闆！」

鸚鵡的故事告訴我們，真正傑出的領導人不一定要精通十八般武藝，只要懂得信任，珍惜人才，願意授權，就能凝聚出比自身更強的力量，從而提升自己的身價。

十、把人與事做最好的搭配組合

有一天，三隻小狗同時攻擊一匹斑馬。第一隻小狗咬住斑馬的鼻子，第二隻小狗咬住斑馬的屁股，第三隻小狗則咬住了斑馬的腿，沒多久後，體型巨大的斑馬，終於不支倒地了。三條小狗共同制服一匹大斑馬，祕訣在於八個字：明確分工，緊密合作。

其實在分工的同時是有智慧的，你是否曾想過，最困難的任務要交給誰去負責，是交給最有能力的人嗎？其實不一定的，因為有時最困難的事不一定會為團隊或企業產生高績效和高利潤，有時最困難的事反而對團隊或企業來說最耗人事成本且最不具效益。比方說有一家A供應商很難搞，態度惡劣，產品在市場上也不是賣得很好，由於合約快到期了，所以想跟A供應商重新談一個對我們更有利的進貨成本，A供應商只是公司有合作數十家供應商的其中一家，所以公司可以派最優秀的人去談其他更有利可圖的供應商，藉以替公司創造更多的績效，對公司而言才是最具效益的做法。

總之，把人與事做最好的搭配組合，以利企業產生最佳的效益。要指派最優秀的人才去負責對公司能產生最大績效的任務，而不是把最優秀的人才浪費在去處理最繁瑣而不具效益的事情上。

經理人必知的十大領導法則

Nine capabilities **salesmen should possess**

領導，是一種技能，可以用來影響他人，讓他人全心投入，為達成共同目標而努力。好的領導者能帶來改變，翻轉一個組織、提升百倍成效！以下列出如何帶領團隊的十大領導法則：

一、嚴以律己，寬以待人

一位牧師走到海邊，正好目睹一艘船在海上遇難，船上所有的人都掉進海裡死了。牧師開始對上帝感到懷疑，忍不住責怪地說：「上帝也太不講理了！為什麼只因為在這艘船上有一個罪犯，就要讓這麼多人一同受害。」

正當牧師喋喋不休時，他發覺自己被一大群螞蟻圍住了！原來他正站在一個螞蟻窩旁邊。有一隻螞蟻爬到他身上，並且咬了他一口，牧師非常生氣，立刻用腳踩死了所有的螞蟻。沒想到，此時上帝忽然出現，對牧師說道：「既然你能用與我相同的方式，去對待那些可憐的螞蟻，那你還有什麼資格來批評我呢？」

上述故事，生動地描述了寬以律己，嚴以待人的心態。這也是員工最厭惡的主管類型之一。當主管標準不一，不能以身作則，反而以放大鏡來檢視員工的行為，造成管理上的衝突，使員工產生「多做多錯，少做少

錯，不做不錯」的心態。身為領導者，你的一舉一動即是夥伴的表率，因此必須言行謹慎。當你拿著放大鏡看別人，卻放縱自己的同時，夥伴也必定是拿放大鏡來看待你，這其中會產生的衝突可想而知。

二、懂得自省

自省是道德修養的方法，透過內省，領導者可以提升自己的思想水準，完善自己的道德境界。荀子在《勸學》中寫道：「君子博學而日三省乎己，則知明而行無過矣。」說的就是道德高尚的人一方面要博學，一方面要反求自身，才能知識日增，減少過失。

一個人有缺點或過失並不可怕，關鍵是要能夠正視它，正視缺失就等於改正了一半的錯誤。正如希臘哲學家德莫克利特所說的：「追悔可恥的行為是對生命的拯救。」追悔就是正視錯誤，自我內省，可是有的人非但不能自省，卻還自我欺騙。就好比已經發現房子屋頂有漏水卻不去修補，只是塗上一點水泥將縫隙掩蓋，從表面上看，好像完美無缺，但終究經不起颱風的猛烈衝擊。

一個好的領導者，必然善於自省，對於錯誤也會勇於坦然承擔，甚至還會向夥伴道歉。犯了錯而不敢承認，是欠缺自信的表現，因為一個有自信、有實力的人，不會為了這一、兩次的失誤，就完全否定了自己的價值和能力。

三、良好的情緒管理

在工作中，夥伴難免會犯下過錯，也免不了會受到上司的指責。身為主管的你若是對夥伴過於嚴厲的責備，往往會引起夥伴的反感，甚至會讓夥伴產生自卑感。

想要成為一個成功領導者，在面臨負面情緒時，不僅要能冷靜，有效

管理自我情緒，還要能正面影響夥伴的情緒。以公司立場而言，如果夥伴犯下過錯，領導者務必要先舒緩夥伴的怨氣和怒氣，設法讓其情緒平穩，並且同時也要控制住自己的情緒。接下來，夥伴自然就會進入反省期，所有的不滿將會隨著時間而淡化，這樣彼此之間的關係才可能有挽回的餘地。

日本經營之神松下幸之助有一名愛將——後藤清一，有一次因為他的疏忽，造成了公司很大的損失，松下派人把他叫到辦公室，劈頭就是一陣臭罵，氣到把鉗子死命地往桌上一直拍，被罵的清一喪氣地準備轉身離去，心頭萌生了辭職的想法。

這時，松下卻將他叫了回來，說道：「等等！剛才我因為太生氣了，所以把鉗子弄彎了，麻煩你幫我弄直好嗎？」清一雖然覺得奇怪，但仍拿起鉗子拚命捶打，而他沮喪的心情似乎也隨著敲打聲慢慢平息。當他把敲直的鉗子交還松下時，松下笑著說：「嗯！似乎比原來的還好，你真是不錯！」清一沒有料到松下會這麼說，然而更為精采的還在後頭！

清一離開辦公室不久，松下就悄悄致電給清一的妻子，他說：「今天妳先生回去的時候，臉色可能會很難看，希望妳好好安慰他。」當清一的妻子轉達松下的心意給清一知道之後，清一內心十分感動，除了設法彌補之前犯下的錯誤，從此之後也更加努力工作，報答松下的一片苦心。

古語說：「宰相肚裡能撐船。」對現代人來說，領導者的肚子要能撐下一輛火車才行。對於具有不同脾氣、不同嗜好、不同優缺點的夥伴，領導者要學會如何將他們團結在一起；即使領導者被夥伴輕視，或者產生言語衝突，領導者最後仍要保有領袖氣度，致力於團隊和諧，並將個人和團隊緊密連結才是上策。

四、懂得創新，變革管理

科學家將四隻猴子關在一個籠子裡，每天只餵食極少的食物，試圖讓牠們處於飢餓狀態。幾天後，科學家在籠子上的小洞放了一串香蕉，一隻飢腸轆轆的大猴子立即衝上前去，可是在牠拿到香蕉之前，就已被預設機關所潑出的熱水燙傷，而之後另外三隻猴子去拿香蕉時，同樣也被熱水燙傷，最後，猴子們只好放棄行動。

又過了幾天，科學家換了一隻新猴子到籠子裡，當新猴子肚子餓了，想要爬到洞口拿香蕉時，就會立刻被其他三隻老猴子制止。過了一段時間後，科學家再次換了一隻新猴子進入籠內，當這隻新猴子想吃香蕉時，有趣的事情發生了！這次不但剩下的兩隻老猴子制止牠，就連從沒被熱水燙過的猴子，也阻止牠的行動。

實驗繼續進行著，當所有老猴子都被新猴子取代時，籠子內的猴子都不曾被熱水燙傷過，而籠子上頭的熱水機關也已經取消了，可是，卻沒有一隻猴子敢伸手去拿唾手可得的香蕉。

猴子的故事，也許令你感到有趣又好笑，但同樣的事情有時也會發生在領導者的身上。一般說來，企業內部總會有些「約定俗成」的制度或規矩，甚至是前人制定的某些「不成文規定」，儘管事過境遷、環境改變，但大多數的組織仍會恪守前人的經驗教訓，不敢嘗試革新舉措。因此，許多不合時宜的制度、令人詬病的弊端，就這樣被全數保留下來，而這往往也造成了組織發展的嚴重阻礙。

作為一個領導者，假使發現企業的制度或政策，明顯有著缺失或不合時宜的情況時，就該展現興利除弊的魄力，因時制宜地擬定新制度或政策，如此才不會讓企業組織陷入故步自封的窘境，也才能有效提高市場競爭力。變革是痛苦的，無論這場變革可能為你帶來多大的好處，它都會使你失去一些熟悉的、讓你感到安適的東西。可是，如果為了貪圖過往的舒

適便利而不願改變，企業最後將很可能會因為進步緩慢，跟不上時代，而被大環境所淘汰。

♫ 五、適時培訓人才，並讓人才為己所用

在一棵老朽的松樹樹幹上，有一個淒冷、陰暗的大樹洞，碰巧有隻貓頭鷹一直棲息在樹洞內。事實上，除了貓頭鷹外，樹洞裡還住著許多老鼠，令人驚訝的是，這些老鼠不但全是沒有腳的殘廢，而且還是貓頭鷹所飼養的「寵物」。為什麼貓頭鷹要啄掉老鼠的腳，然後自己辛苦地餵養牠們呢？其實，貓頭鷹這麼做是有道理的。

以前，貓頭鷹捉了老鼠後便把牠們帶回樹洞，但這些狡猾的老鼠總會想辦法從牠的視線下溜走，害牠不但白費力氣，還得受挨餓之苦。為了防止這類事情繼續發生，貓頭鷹只好先將老鼠的腳啄斷，讓牠們不能再逃跑。當老鼠沒了腳，貓頭鷹只要想吃就吃，十分方便；如果一天捉到了好幾隻，牠也不必擔心吃不完，老鼠就會溜走的問題。

於是，貓頭鷹有了儲備食物的計畫，當牠將捉到的老鼠，全部啄斷腳後，為了避免牠們餓死，貓頭鷹會用麥粒等糧食來餵養老鼠，等到牠自己肚子餓需要食物時，老鼠便可成為牠最美味的佳餚，牠再也不必為了找尋食物而每天四處奔波，隨時都有美食可以享用。

成功的領導者應該為企業培養人才，為人才提供良好環境，讓人才仰賴企業生存，如此便可使企業更具競爭力。曾經有一位業務主管說：「為什麼要訓練？訓練好了，如果他跳槽到其他同行，等於是幫競爭對手訓練，我頭殼壞了嗎？」我心裡想你頭殼才壞了吧！我笑一笑告訴他：「我了解你的意思，有沒有訓練，人都有可能離開，而一間公司最大的成本是一群沒有被訓練好的業務員，該成交沒有成交，反而得罪客戶，造成公司聲譽上的傷害，你說，這樣的損失對你有幫助嗎？但是如果我們訓練好他

們，讓他們能力提升，為公司創造更多的業績，你覺得對公司而言，會比較喜歡哪一種呢？」那位業務主管又說：「我覺得業務他們只要每天去拜訪客戶，客戶和市場自然會訓練他們。」我說：「你說的很有道理，我想請教一下，運動員是自己練習，讓比賽和觀眾來訓練他們，還是有教練在訓練他們？」那位業務經理當下沒話說，被我說服了。

六、組織目標與管理方法要統一化

一個人如果戴著一支手錶，便可以知道現在是幾點，可是一旦擁有兩支或兩支以上的手錶時，卻往往無法確定正確的時間。這是因為一個人戴了兩支手錶，就不知該以哪一支錶的時間為依歸，反而失去了正確的時間概念。

一個組織不能同時採用兩種不同的管理方法，更不能同時設置兩個不同的目標，否則將會使整體組織陷入混亂。同樣的，一個團隊不能由兩個以上的人來指揮，也不能同時選擇兩種相異的組織價值觀，否則將會使團隊成員無所適從。尤其是當組織成員的目標不一致時，不但無法凝聚組織共識，還會削弱了整體企業的競爭力。

有鑑於此，領導者對於組織目標，組織文化以及管理方法的制定，務必要清楚、完整並且統一化，以便讓組織成員能朝著同樣的方向努力，才不會變成一盤散沙，分散了力道。

七、充滿執行力

一群老鼠長久以來被一隻貓不斷獵殺，數量不斷減少。為了改變這個狀況，牠們召開了一次全體鼠民大會。

一個平時習慣發號施令的老鼠，率先站起來發言，牠以很有權威的語氣說道：「如果不解決那隻貓，我們終將會淪為牠爪下的玩物，但是殺死

牠卻不是我們能力所及的事，所以我們目前急需要解決的問題，就是如何躲開牠，不被牠抓住。各位，我準備了一個鈴鐺，如果能把鈴鐺掛到貓的脖子上，一旦貓靠近我們，鈴鐺就會發出聲音，聽到鈴鐺聲後，我們只要躲到安全的洞裡，就可以了。」

老鼠說完後，會場掌聲響起，大家你一言我一語，讚美這真是個好主意，此時，忽然有一隻小老鼠膽怯地說：「可是要在貓的脖子上掛鈴鐺，是相當危險的，不小心就會被貓吃掉的。」一時間，會場變得寂靜無聲，大家面面相覷，苦惱著那該派誰去幫貓掛鈴鐺呢？

在組織中充斥著「聰明老鼠」，他們忙於指導組織該如何做事，也提出了一連串完美的方案，但是方案本身可能無法被具體執行，或是他們不具備任何的執行能力，常常是光說不練、空口說白話而已。

所以在企業經營管理的過程中，假使有一個問題產生了，該如何解決呢？身為領導者務必了解，集思廣益固然會產生很多的解決方案，可是卻必須考量其中有多大的可行性。一個可以被實現的計畫，才具有真正的價值，否則一切只是空談，就算有了好的計畫，卻沒有執行能力，那麼這個計畫也是毫無用處的。

八、集中力量，各個擊破

有一個男孩，興趣非常廣泛，畫畫、彈琴、游泳、打籃球、手語等，樣樣都學，還要求自己全都要做到最好。可是他學的東西實在太多了，當然不可能每一次都得到第一名，在一次失敗後，他變得悶悶不樂、心灰意冷，學習成績也一落千丈，儘管父親知道他的學業成績變得很糟糕，但卻從未責備他。

某天，晚飯過後，父親把一個小漏斗、一袋玉米種子、一個瓶子放在桌上，並且告訴他說：「現在，我們來玩個遊戲。」父親要求他用小漏斗

把玉米種子倒進瓶子裡，於是男孩就把漏斗放在瓶口上，再把整袋玉米種子全部倒進漏斗裡，等玉米種子自己掉下去。可是玉米粒相互堆擠著，竟然沒有一粒種子掉到瓶裡，男孩使勁地搖完漏斗，結果仍然無濟於事。

這時，父親把玉米種子倒出來，一次只在漏斗中丟一粒種子，很快地，所有的種子就全都到瓶子裡了。父親拍拍男孩的肩膀，對他說：「這個漏斗就代表你，當你把所有的事情擠在一起做時，反而連一件事情也做不了。試著一件件地做，你不但可以把它們全都做完，也可以做得更好。」

成功的領導者不會因為事務繁多而讓自己亂了方寸，因為他們明白事情只能一件件地去完成這個道理。俗話說：「集中力量，各個擊破。」講的就是這個道理。由於人的精力、資金都是有限的，要常提醒自己不要一下子野心太大，希望馬上就完成所有的經營計畫，否則最後很可能連一件事情都做不好。

九、不可盲目依循同業的成功經驗

一位石油大亨到天堂參加會議，一進會議室，發現座無虛席，自己沒有地方入座，於是他靈機一動，喊了一聲：「地獄裡發現石油了！」聽到他這麼一喊，天堂裡的大亨們紛紛向地獄跑去，很快地，天堂裡就只剩下這位後來才來的石油大亨。

過了幾天，石油大亨心想，大家都到地獄去了，難道地獄裡真的發現石油了嗎？

於是，他也急忙跟著其他人的腳步，跑到地獄裡去了。

羊群是一個散亂的組織，如果一頭羊發現了一片肥沃的綠草地，並在那裡吃到了新鮮的青草，其他的羊就會跟著一擁而上，爭搶那裡的青草，全然不顧旁邊虎視眈眈的狼，當然也看不到遠處還有更好的草原。

一旦面臨績效的壓力，有些領導者會仿效同業的市場策略，倉促地制定計畫，並且投入寶貴的時間、資源，期盼計畫可以順利推展，完全不顧計畫是否合乎經濟效益。事實上，在未衡量自己的力量、剖析個人的市場條件之前，盲目依循同業的成功經驗，有時往往會為組織帶來嚴重的損失和傷害。

十、重承諾

在遙遠的草原上，住著幾戶以牧羊為生的人家，他們彼此的距離雖然不是很近，但是都互相幫忙，共同防範野狼來偷吃他們的羊。

有一天，其中一位牧羊人要到城裡辦事，沒有辦法照顧羊群，於是便對他的兒子說：「兒子啊！我今天要到城裡去，晚上大概趕不回來，你要好好看著羊群，別讓他們走丟了，如果野狼來偷吃小羊的話，你就大聲叫喊，附近鄰居聽到你的呼喊聲就會過來幫你了。」說完，牧羊人就到城裡辦事去了。

這個牧羊人的兒子年紀很輕，喜歡捉弄別人，但因為他年紀尚小，所以鄰居們對他調皮的行為也不會太計較。

男孩在父親走後，把羊群趕到山坡上吃草，然後一個人靜靜地坐在一旁看守羊群，以免小羊走失。一開始，男孩很安分地注視著羊群，偶而站起來趕一趕跑遠了的羊，但很快的，男孩對看守羊群的工作感到無聊，開始在山坡上玩起來，自己和自己的影子捉迷藏。就這樣玩了一會兒，男孩漸漸覺得沒意思，他想：如果大家都可以到這裡陪他玩，那他就不會無聊了。

男孩想來想去，忽然想到一個有趣的方法可以讓大家趕到這裡，於是男孩放開嗓門，大聲的喊：「狼來了！狼來了！」住在山坡附近的其他牧羊人聽到小男孩的聲音，都紛紛趕來幫助他。但是當大家跑到山坡時，卻

只見到男孩與羊群安靜地在那裡，根本沒有看到野狼的影子，大家知道是被男孩捉弄，便悻悻然地各自離去。

男孩見牧羊人們慌張地趕來卻失落離去的模樣，覺得非常有趣，認為這個遊戲實在太好玩了，因此過沒多久，他又放聲大叫：「狼來了！狼來了！」

牧羊人們聽到男孩求救的聲音，又連忙跑來關心，但來到山坡時，只見男孩指著他們捧腹大笑，牧羊人不甘受騙，生氣地罵道：「你實在太頑皮，我們再也不會上當了！」說完，牧羊人們便怒氣沖沖地走了。

男孩見牧羊人們生氣了，不但不緊張，反而因為詭計得逞而感到得意。過了不久，遠處真的來了幾隻野狼，牠們朝男孩的羊群撲來，一下子便咬死了好幾隻羊。男孩看到這個情形非常害怕，急得拚命大喊：「狼來了！大野狼來吃我的羊了，救命啊！」

這一次，沒有任何牧羊人理睬他，男孩的羊群就這樣被野狼吃掉了一大半。

這是一個非常經典的寓言故事，領導者如果朝令夕改，對夥伴不守承諾，那麼夥伴便會對其感到失望，領導者也會失去影響力。領導者應與夥伴建立起相互信任的關係，用自身的行為來吸引、感召夥伴的向心力，如此才能樹立自己的威信，下達的各項命令也才能讓夥伴心甘情願地配合，企業的制度也才能夠建立。

領導力升級的九大關鍵點

Nine capabilities **salesmen should possess**

有人說領導是一門藝術，是影響力的發揮，是互動的歷程，那麼在帶領業務團隊時，又有哪些關鍵要掌握，才能使部屬齊心向前，一同朝事業目標挑戰呢？

一、讚美比批評更能激發部屬努力工作

某王爺手下有個著名的廚師，他的拿手好菜是烤鴨，深受王府裡上上下下的喜愛。不過這個王爺從來沒有給予過廚師任何鼓勵，使得廚師整天悶悶不樂。有一天，王爺有客從遠方來，在家設宴招待貴賓，點了數道菜，其中一道是王爺最喜愛吃的烤鴨。廚師奉命行事，然而，當王爺夾了一隻鴨腿給客人時，卻找不到另一條鴨腿，他便問身後的廚師說：「另一條腿到哪裡去了？」廚師說：「王爺，我們府裡養的鴨子都只有一條腿！」王爺感到詫異，但礙於客人在場，不便問個究竟。飯後，王爺便跟著廚師到鴨籠去查個究竟。時值夜晚，鴨子正在睡覺。每隻鴨子都只露出一條腿。廚師指著鴨子說：「王爺你看，我們府裡的鴨子不全都是只有一條腿嗎？」王爺聽後，便大聲拍掌，吵醒鴨子，鴨子當場被驚醒，都站了起來。王爺說：「你看這鴨子不全是兩條腿嗎？」廚師說：「對！對！不過，只有鼓掌拍手時，才會有兩條腿呀！」

全球知名美商企業玫琳‧凱（MARY KAY）創辦人曾說：「世界上有兩件東西比金錢和性更為人們所需要，那就是認可與讚美。」

某足球隊教練將隊員分成三個集訓小組，並在訓練時做一個心理實驗。教練對第一小組隊員的表現大加讚賞，說：「你們表現得太棒了，真是一流的球員。」然後，對第二小組隊員說：「你們表現得還不錯，但如果運球速度快一點，步伐再穩一點，就更好了。」接著，對第三小組隊員說：「你們怎麼搞的，總是抓不到要領，靠你們根本別想贏球！」

其實這三個小組的成員素質、能力都一樣，但是，經過這樣一個實驗之後，第一小組獲得最好的成績，第二小組次之，第三小組最差。

如何激發員工的工作熱情呢？是指出他們的不足，然後要求他們改變？還是用大量鼓勵、讚美的語言，使他們更加努力？很多時候，讚美比批評更能激發人的潛能和追求成功的動機。適時讚美，以鼓勵的言語代替責罵，將可有效激發員工努力達成目標的心態，進而讓計畫或專案在執行時，收到更好的成效。

少說拒絕的話，多說關懷的話；拒絕形成對立，關懷獲得友誼。少說批評的話，多說鼓勵的話；批評只會破壞，鼓勵一定助人。

二、給予公平而合理的工作待遇

一位老闆向管理大師抱怨自己的公司很難管理，希望管理大師能到公司走訪一趟，以便幫他找出問題癥結。後來，管理大師果真依約前往，並在巡視公司後，有了初步的發現。

管理大師問老闆說：「你有去菜市場買過菜嗎？」

老闆愣了一下，答道：「去過。」

管理大師繼續問：「你是否注意到，賣菜人總是喜歡偷斤減兩？」

他回答：「是的。」

.301.

「那麼，買菜人是否也習慣討價還價呢？」

「是的。」他回答。

「其實，」管理大師笑著說，「你的問題就在於，你總是用買菜的方式對待員工。」老闆聽了有些吃驚，不解地望著管理大師。

看見老闆滿臉疑惑，管理大師繼續說：「你總在員工的薪資上與他們討價還價，他們的工作品質與工作效率自然就會『偷斤減兩』。也就是說，你和你的員工是同床異夢，這就是公司管理不善的病源所在啊！」

有些高層管理者只想到要求員工努力工作，卻沒有想到自己也應該給予他們公平的工作待遇，在這樣不對等的情況下，員工自然是不可能心甘情願地替企業打拚的。因此，領導者如果希望夥伴能自動自發地努力工作，就必須確保員工能享有公平、合理的工作待遇，甚至要主動為夥伴爭取應有的福利。

三、消除部屬對你的疑慮

身為一名領導者，不論你是多麼的和藹可親、笑臉迎人，難免都會讓夥伴心有畏懼，和你保持距離。這種畏懼和你的人格特質無關，而是因為領導者的「職場優勢」，很自然地讓夥伴選擇了「敬而遠之」。儘管夥伴對領導者的畏懼是人之常情，但領導者不能讓這類情緒擴張成不信賴感，以免對組織的經營管理造成阻礙。

一般來說，如果夥伴對領導者不信賴，就會採取兩種態度作為回應。一種是激烈的反抗，他可能直接面對面地跟你爭辯，也可能找各種奇怪的理由逃避你；另一種則是採取消極的反抗，他對你所說的話，表面上恭敬稱是，實際上根本沒有去執行，因為他不信任你的判斷，不想聽命於你。

想要解決這種狀況的最好方法，就是消除夥伴對領導者的疑慮。當然，你不可以大聲對夥伴們吼道：「如果你們有什麼不滿就說出來呀！」

這樣只會讓有話想說的人更為退縮而已。你要展露你的親和力和誠意，放下你的身段，千萬不可處罰不信賴你的夥伴。

對於不信賴你的夥伴，你不必另眼看待，因為不管你對他特別親近或是疏遠，都會引起他們的焦慮甚至反抗心態。你應該若無其事地對待他們，甚至是在已經過一段時間的努力，且他們的態度也有所改善時，你仍然不能直接問他們：「你現在可以信任我了吧？」這樣極可能會讓員工感到尷尬，而你之前所做的努力，也就白費了。

除了放下身段之外，最實際的做法就是創造業績。當你讓公司的業績大幅成長時，就算夥伴起初懷疑你的能力，也會因為看見你對公司的實際貢獻，而消除了對你的質疑和不信任。

舉例來說，聯想集團總裁柳傳志有個嚴格的企業內部規定，在開會時，任何人都不能遲到，否則就要罰站。有一天，他在前往會議室開會的途中，大樓電梯忽然故障，讓他受困了一陣子，開會也因此遲到。照理說，電梯故障是意外，他大可不必接受處罰，然而，即使他位居最高領導人的位置，一走進會議室後，依舊按照自己先前頒布的規定，二話不說地去罰站。

總之，領導者只要能言出必行、以身作則、放下身段，再加上創造實際的業績，夥伴自然會對領導者信服，進而願意站在同一陣線，共同為組織的發展而努力。

四、建立學習型組織

每一個人的學習只有學得快或慢的問題，而沒有需不需要的問題。有些領導者本身欠缺培訓夥伴的技巧，卻反過來怪罪夥伴的天資不夠聰穎，然而事實上，領導者如果沒有良好的培訓技巧，再聰明的員工都可能變成笨蛋，這就是「無不可用之兵，有不可用之將」的道理。不論問題的關鍵

點是在領導者或是夥伴，唯有雙方共同營造良好的學習環境，才能提升領導者的培訓技巧，以及夥伴的工作技能。

當代傑出管理大師的彼得‧聖吉（Peter M. Senge），曾經提出「學習型組織」的理念。學習型組織理論認為，在新的經濟條件下，企業要想持續發展，就必須提升企業的整體素質。換言之，企業的發展不能再只靠領導者運籌帷幄、指揮全局，而是要設法使各階層的人員全心投入，共同建立具有不斷學習之能力的組織。

學習型組織是一個具有開發能力，以及因應變革能力的組織。它能充分發揮每個員工的創造性，形成一種學習氣氛，而憑藉著學習，個人的價值能得到充分發揮，組織績效也因而可以大幅度提高。例如、英特爾、蘋果電腦、聯邦快遞等世界一流企業，都先後建立了學習型組織。在成熟的學習型組織中，學習、工作與知識是相互融合的。因此，領導者如果要建立學習型組織，就要想辦法與夥伴一起提高組織的學習能力，而領導者必須做好以下的工作：

1. 培養高素質、自我超越的夥伴，與此同時，領導者也要自我要求。
2. 讓每個人保持創造力。
3. 要求夥伴誠實地面對工作的實際狀況，並且共同尋求解決工作障礙的方案。

在學習型組織中，領導者與夥伴都不是單獨的個體，而是共同事業的開創者。在透過自我超越、積極學習的過程中，夥伴成為積極的、從事創造性活動的知識工作者，他們不僅被賦予權力，也獲得了工作的內在熱情，進而能夠與領導者一起實現組織發展的願景。

五、教會夥伴如何釣魚

有些好心的領導者喜歡幫夥伴打理一切問題，儘管這樣能博得夥伴的

愛戴，但卻也經常讓自己焦頭爛額、疲於奔命，而且相同的問題似乎一再發生。其實，給夥伴魚吃，不如教他釣魚。雖然教導夥伴如何解決問題的時間，往往會比管理者自己動手解決的時間多出許多，但是，只要夥伴學會解決問題，日後類似的問題若再發生，夥伴自然就能從容應付，領導者也能將有限的時間，用於更重要的組織發展計畫了。

六、培訓夥伴的具體計畫

前奇異執行長傑克‧威爾許說：「在你成為領袖以前，成功都是關於你個人的成功。當你成為一個領袖時，成功就是培養他人。」

對於領導者來說，有計畫地培訓夥伴，將能讓夥伴懂得如何做好工作，也能提升員工從事目前和未來工作時，所需要具備的知識和技能。從長遠的角度來看，領導者培訓夥伴的好處，除了能為企業締造更好的營運成果外，也可讓企業組織保持競爭力。

一般來說，領導者培訓夥伴有以下幾種具體方法：

1. 在公司內可推行「腦力激盪」活動。藉此可以訓練員工的思考力和想像力。
2. 角色模擬演練。二人一組，一人扮演客戶，一人扮演業務，業務銷售產品給客戶。
3. 讓領導者陪同。領導者可讓夥伴從旁了解，你是如何處理客戶的問題，如何簡報和如何電話邀約等等。
4. 實行職位輪調制度。讓夥伴不定期到本職以外的部門或工作職位上支援，可能會發些某夥伴在某方面做的比本職工作還好。
5. 安排夥伴參加公司內部的培訓課程。
6. 鼓勵夥伴參加外部之非專業課程。例如：心靈成長，潛能激發，銷售談判等課程。

7. 新人訓練。對於新進夥伴進行多方面的實際訓練。訓練的目的在於讓他們掌握新工作的知識和技術，而不在於實際工作績效的優劣。

8. 幹部訓練。對於幹部或儲備幹部，進行進階訓練，進而提升他們的專業知識與領導力。

從公司的角度來看，教育新進人員或培訓員工，最終目標是在於能盡早培養出專業人才，並讓企業獲得長遠的發展。而對於領導者來說，培訓夥伴，除了是職責所在外，同時也意味著將由優秀的夥伴共同協助完成組織目標。因此，領導者務必做好夥伴的培訓計畫，並想辦法留住人才。

曾經有一個業務跟我說：「如果主管幫我出錢，我才要去上課學習。」我說：「其實不管誰幫你出錢，請問學了之後的知識和技能是歸於誰呢？是出錢的人還是你自己呢？如果連你都對你未來的收入和成長漠不關心，那麼請問這世上還有誰會關心你的收入和成長呢？」

七、只做有實際效益的事情

或許有人覺得這是一句無需提醒的話，可是仔細想一想，在一天當中我們花多少時間在沒有意義的事情上呢？

你是不是每天都有接不完的電話，看不完的公文，處理不完的事情，但其實你卻沒有因為做了這些事情，而讓工作有所進展，你是不是不願改變做事風格或習慣，即使有更好的方法，能讓事情迅速完成，你仍然寧願選擇你習慣的工作方式？

如果一位領導者有上述的工作習慣，就代表著他在公司的地位岌岌可危了。固然有事做是一件好事，但是做了一堆白費功夫的事，並不能為組織發展帶來任何助益。

假使提升公司新產品的銷售量是主要目標，領導者就應該掌握有效策略並付諸實踐，而不是召開一個又一個冗長的會議，閱讀一大堆的報告，

結果卻沒有採取任何有效行動。

　　一個沒有實際效用的計畫與作法，不管執行的過程經過多少努力，它還是一個失敗的點子。因此，領導者在企業經營管理的過程中，要時時考量每一個決策、每一件事情是否都有其實際效益，才不會在毫無意義的事情上，白白浪費寶貴的資源、時間與精力。

八、創造一加一大於二的團隊

　　有一隻烏龜和一隻兔子互相爭辯誰跑得快，於是他們決定以比賽來分出高下，兩人選定了路線後，就此起跑。

　　兔子帶頭衝出，奔跑了一陣子後，眼看已遙遙領先的烏龜，心想自己可以先在樹下稍微休息一下，然後再繼續比賽。很快地，兔子在樹下睡著了，而一路上慢吞吞地走來的烏龜，憑著不服輸的毅力超越兔子，終於到達終點，成為貨真價實的冠軍。等兔子一覺醒來，牠才驚覺自己輸了。

　　輸了比賽，兔子感到非常失望難堪，牠為這場比賽做了一次詳細的分析，根究原因，牠發現自己之所以失敗，全都是因為牠太過自信、太大意散漫所致，如果當時牠不自以為是地停下來休息，烏龜是不可能打敗牠的。

　　為了雪恥，兔子邀請烏龜再進行一場比賽，而烏龜也同意了。這一次兔子全力以赴，一口氣跑完全程，領先烏龜好幾公里到達終點。

　　這下輪到烏龜要好好檢討了，牠很清楚，照目前的比賽方法，牠絕不可能擊敗兔子。烏龜想了一會兒，決定再邀請兔子進行另一場比賽，可是這一次的路線與過去不同，但兔子仍舊同意了。

　　兩人再次同時出發。兔子為了確保自己立下的承諾，從頭到尾都一直快速前進，直到碰到一條寬闊的河流才停下，而比賽的終點就在幾公里外的河對岸，兔子呆坐在那裡，一時不知該怎麼辦才好。這時候，烏龜一路

蹣跚而來，跳入河裡游到對岸，然後繼續爬行，完成比賽。

經過這幾次的較量，兔子和烏龜成了惺惺相惜的好朋友。牠們一起檢討，兩人都認為還可以表現得更好。於是，牠們決定再賽一場，但這次是團隊合作。牠們一起出發，不過這次先由兔子扛著烏龜直到河邊，接下再來由烏龜接手，背著兔子過河。到了河對岸，兔子再次扛著烏龜，牠們一起抵達終點。比起前面幾次，這次合作完成的比賽令牠們更有成就感。

領導者有時也要考慮「團隊合作」的問題。表現優異，擁有高度專業能力的人雖然優秀，但如果不能與其他人合作，計畫有時就很難順利推展。企業的成就是由許多人努力合作所得的結果，有高度合作精神者，才能融入團隊，進而替組織或企業創造更高的業績和利潤。

九、建立榮譽典章

榮譽典章，簡單來說就是由一些簡易且深具影響力的規則所組成，用來規範整個團隊、組織、家庭、個人甚至國家的內在行為。如果沒有制定明確的規定，大家就會依自己的方便行事，最後可能因為個人的行為拖累整個團隊，因此我們就需要「榮譽典章」來規範。

範例：

1. 使命第一，團隊第二，個人第三。
2. 每當有夥伴做到時，夥伴們彼此相互擊掌慶賀，表示我做到了，你也可以。
3. 彼此信任和準時。
4. 不可拋棄任何夥伴。
5. 不要讓個人問題妨礙到自己和團隊的目標和任務。
6. 不許任意散佈不實消息和謠言。
7. 不做有損害團隊名聲的事情。

8. 若有人違反規定時，請記得隨時給予指正。指正或違規者，事後不許說人長短。

　　現在，你也可以和團隊夥伴們一起制定屬於你們的「榮譽典章」。記住！「榮譽典章」是大家一起制定且一致通過同意的，且不宜制定太多條規定，否則會造成夥伴們的心理負擔。

　　曾經有一個老闆告訴我一個傳球理論：「在團隊裡，不管是誰，要把榮耀歸功於他人，要像傳球一樣一個傳給一個，在沒有每個人都摸到球前千萬不要停止。」意思是說在團隊裡，我將功勞歸功於A同事，A同事歸功於B同事，而B同事又歸功於C同事，最後C同事歸功於A同事，唯有這樣，才會讓整個團隊更融洽，更具動力和向心力。

練功坊

❶. 不管你現在的職位是什麼，培養領導者應具備的特質和能力，並做好向上、橫向、向下和自我領導。

❷. 建立榮譽典章，並徹底執行。

.309.

第8章

冷月寶刀
如何處理客訴

Nine capabilities
salesmen should possess

冷月寶刀

源自於金庸小說──《飛狐外傳》。客戶的不滿和抱怨有時就像夜晚冷風吹來，即使一輪明月，但冷風刺骨，是如此地無情。

　　業務每天都要面對各式各樣的客戶，除了每天要被客戶無情地拒絕之外，有時還要接收客戶抱怨商品的問題或人事等問題，業務心中的感受和處理問題的方式，完全取決於業務的情緒智商和經驗。一個能夠妥善處理突發事件與客戶抱怨的業務，必須將注意力集中在如何安撫客戶進而解決問題，避免自己受到負面情緒的影響，如果不能心平氣和地予以處理，反而隨著對方的情緒起舞，事態可能就越演越烈。

　　俗話說的好：「只有滿意的客戶，才有忠實的客戶。」喬‧吉拉德曾說：「滿意的顧客會影響二百五十人，抱怨的顧客也會影響二百五十人。」所以贏得客戶的心，經常能連帶地獲得他所屬群體的信任。但相對的，一位客戶的抱怨與不滿也可能摧毀潛在市場。尤其隨著科技通訊的高速發展，壞消息會比好消息傳播得更快，當客戶認為他們的問題沒有獲得滿意的解決，他們會利用各種管道與方式大肆宣傳，而這也讓業務必須更加謹慎地處理客戶的抱怨。

　　縱使客戶的抱怨、不滿的原因五花八門、包羅萬象，但是只要處理得宜，反而能藉此與客戶建立更緊密的關係，甚至讓抱怨的客戶變成忠實擁護者。或許你會好奇地問為什麼客戶抱怨的問題被妥善解決之後，就有可能贏得他們更為正面的評價？以消費行為心理學來說，這是一種「互惠原則」，也就是客戶與業務發生消費糾紛時，如果業務員以最大的善意解決問題，並且負起責任彌補了客戶所受到的損害，客戶會認為業務具有責任感、有魄力，進而基於好感而做出相對的回饋。

　　在本章節裡，你將會學到：

● 客訴五大原因
● 面對客訴的四大緩兵之計
● 處理客訴的十大心法
● 危機處理的十大法則

客戶為什麼會抱怨？

Nine capabilities **salesmen should possess**

8

　　人本來就有七情六慾，客戶會抱怨是正常的，基本上客戶只要茫然不知所措，又未能及時獲得指點或心理有一絲一毫不舒服，客戶就會產生不滿，會想抱怨或客訴，我把客戶會抱怨或客訴歸納成五大原因：

　　一、客戶遭遇困難而無法解決：客戶會抱怨的第一個原因就是他已經遭遇困難，自己無法解決，卻沒有人能立即提供協助，客戶就會不爽而抱怨。

　　二、和客戶的期望值有落差：客戶會抱怨的最根本原因就是業務員或企業所提供的產品或服務，和他原先的期望值不同，而且是低於他的期望值，有時是客戶本身的問題，有時是業務為了成交誇大產品或服務的功效所造成的。

　　三、感到茫然不知所措：當客戶不知道下一步要做什麼的時候，當他不知道這一步是不是做對了的時候，或是當他不知道前一步有沒有做錯的時候，客戶就會因為心急而情緒高漲。

　　四、客戶認為他已經受到損失：當客戶購買經過比較後，覺得損失大了，心中就會有不滿，有時甚至還會預估未來會發生損失而前來抱怨。

　　五、其他心理層面因素：客戶故意來找麻煩，或吃飽沒事做想找人說話等。

處理客訴，馬上辦，就對了！

Nine capabilities **salesmen should possess** 8

　　當我們知道客戶客訴的原因後，一定要立即處理，衝突才不會越滾越大，一發不可收拾。但我們又要如何面對和處理呢？以下提供四大「緩兵之計」，可以立即安撫客戶的情緒。

一、感同身受法

　　基本上抱怨的客戶，大多喜歡獲得旁觀者的支持。在公眾場合抱怨發牢騷的客戶也是如此，所以，一旦碰到正在氣頭上的客戶上門訴怨，業務立即對客戶說：「真是對不起，造成您的困擾了。」並迅速將當事人帶離現場，或帶到人群稀少之處商談問題，切莫在公眾面前爭辯。並當面向客戶表示諒解，這是與客戶拉近距離的有效方式，如果客戶不能表示完全接受，你可以這樣對客戶解釋：「多虧了您的提醒……」、「您說的很有道理……」、「對於這個問題，如果換成是我也有同感……」、「感謝您提出這樣的問題……」透過這樣的說法，往往就能使抱怨的客戶平息一大半的怒氣。

⚃ 二、拖延戰術法

　　對某些客戶提出的抱怨，一時很難找到其中的真正理由，有些抱怨其實不是我們自己的問題，或者根本無法圓滿解決，碰到此類情況，有經驗的業務大多採取「拖延」的戰術，先把眼前的糾紛暫緩處理，比如，回覆對方：「我馬上回公司了解一下情況，最快給你一個滿意的答覆」、「我再和主管討論一下，看怎麼樣處理對你們比較好」、「我問一下相關人員，再回信給您。」接著業務可以先跳脫這個話題，與客戶談點別的話題，例如：天氣、社會新聞、最近工作、生活等話題，目的是使客戶先平心靜氣，並有理智地回答問題，這種方法也能有效地應對和處理客戶的抱怨。

⚃ 三、請坐紀錄法

　　當人一衝動時，大腦神經處於極度興奮狀態，心跳加快，有人雙手顫抖，呼吸急促，有人甚至捶胸跺腳，張牙舞爪，為的是解除心中的悶氣和怨氣。為了使衝動的客戶儘快平靜下來，你應熱忱招呼他們坐下來訴說抱怨，自己則在一旁傾聽、記錄，把對方的意見一一記下來，做好「抱怨紀錄」，既有助於雙方建立一個友好的交流洽談氣氛，又可以使客戶感受到自己的意見受到重視，沒有必要再吵鬧下去。一份完整詳盡的「抱怨紀錄」，將使你更親近客戶，聽見客戶的心聲。

⚃ 四、握手友善法

　　友善地握手，給人「以誠相見」的印象，這是業務見客戶的應有禮節。正確的握手姿勢與力度，可以控制客戶抱怨的情緒，發揮鎮靜的作用，解除對方可能「比手劃腳」的企圖，使得雙方動口不動手，客戶如果

一時拒絕握手，你可以藉故反覆多次試握，對方在盛情難卻的情況下，現場氣氛很快會融洽起來。在條件許可的場合，你甚至可以對抱怨的客人略施恩惠，以示安慰，比如，遞上一根菸，泡一杯熱茶，遞幾顆糖果，送個小贈品等等。別忘了在過程中始終笑臉迎人喔！

在日常生活中，我們有時可以看到這樣的情景，一群旅客預訂了旅館而無法馬上進房休息，因為前面的客人才剛剛退房，服務員正在整理清掃，於是拎著大包小包從外地趕來的旅客在走廊上大發牢騷，怨言不斷。此時如果是經驗豐富的經理見狀，通常都會立即請客人到自己的辦公室或會議廳暫時休息，並給每位客人泡上一杯熱騰騰的歇腳茶，「受敬使人氣平，受禮使人氣消」，在場的客人轉而連聲道謝，即使再多等一會兒也不會火冒三丈了。

當然，你也可以將上述四大「緩兵之計」混合使用。

第3式

「客訴我不怕！」的十大心法 8

Nine capabilities **salesmen should possess**

當業務員在處理客訴時，難免會手忙腳亂、毫無章法、不知所措，一旦處理不好反而會讓客戶的不滿情緒水漲船高，有時業務光只有善意與責任感是不夠的，所以筆者特別整理出讓不滿客戶露出微笑的十大心法：

1. 有時嫌貨才是買貨人

當客戶正在表達不滿時，你應以心平氣和及友善的態度仔細傾聽，避免與對方爭論對錯，或是試圖自我辯護，這只會激發客戶的不滿情緒，對於化解爭議沒有任何益處。客戶有時是因為喜歡你的產品，對你的產品有更高的期待，才會對你抱怨，所以你只要好好應對處理，客戶會繼續成為你的忠實客戶喔！

2. 客戶只是想抒發情緒

根據心理學，當人們心中有了疙瘩，促使其講出來比讓他悶在心中更好。所以無論客戶是否帶著怒氣，你都應營造友善的氣氛，並讓客戶完全傾吐心中的不滿與想法，這除了能降低客戶負面情緒的強度外，也能讓你確實了解問題的核心。有時客戶說完他想說的話之後，就會停止了，不一定要你給他什麼建議或承諾。

3. 感謝客戶的抱怨

日本被譽為「經營之神」的松下幸之助先生認為，對於客戶的抱怨不但不應該厭煩，反而要視為一個好機會。當客戶有所抱怨時，絕對不要完全逃避或忽視，很多時候，他們的抱怨是在提醒你的產品或服務還有可以改進之處。有位名人曾說：「承認自己的錯誤需要具有相當的勇氣，給人一個好感勝過一千個理由。」這時你要適當的道歉，讓客戶感受到你的誠意，感謝客戶的抱怨，是提升你內在的修養。

4. 發揮同理心

當客戶抱怨時，要能尊重並站在客戶的立場，不可有先入為主的觀念，輕率地否定對方的意見。站在客戶方想一想，許多問題就容易解決。

5. 贈送小禮物

必要時，你也可以提供表達歉意的小禮物，以表善意。有時客戶在意的只是一種感覺，並不一定要你解決他的問題。

6. 不急於做出結論

有時客戶的不滿會涉及許多層面，無法當下立即處理，此時，你不必急於做出結論，而應展現積極處理的誠意，請求對方給予你處理的時間和空間，並迅速回覆。

7. 適時向上呈報

如果客戶的抱怨必須獲得主管的協助才能處理時，務必確實向主管回報你所遇到的問題，千萬不要隱匿不報，導致情況惡化，到時候再處理會變得更加困難。如果客戶的問題你能獨自解決，也可假裝必須要向上呈

報，日後再與客戶回報處理的狀況。

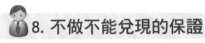

8. 不做不能兌現的保證

不要向客戶提出不能兌現的保證，也不要做出不切實際的承諾，以免客戶錄音，日後引發不必要的紛爭。

9. 先處理心情，再處理事情

每個人都會有情緒，你可以先示意，表示你有接收到客戶的反應，再建立共識，表示你了解並體會他的問題和心情，最後再進一步溝通。而不是先處理事情，因為客戶當下根本聽不下去。因為人都是因為感性而決定，再用理性去支持所下的決定，所以先用感性處理客戶的心情，再用理性去解決客戶的事情。

10. 客戶不一定是對的

有時客戶因為沒有你專業，並不知道為何產品會發生這樣的狀況，當下自然反應會認為是你的問題，但實際上是客戶使用上的問題，所以客戶的抱怨不一定是對的，但你要讓客戶感覺他是對的。

危機處理的十大法則

Nine capabilities **salesmen should possess** 8

所謂危機處理，係針對潛在或當前的危機，透過預防或因應解決等各種有效手段，以達到解除危機的目的。

根據一項研究顯示，管理者每天有八成七左右的時間，都在承受工作壓力，享受快樂的時間不到二成。不過，最讓管理者擔憂的是，如果公司發生危機事件時，他們應該怎麼辦？

一般說來，當公司產生危機時，許多管理者都會不知所措，然而，一位優秀的管理者，卻能保持冷靜，迅速地進行危機處理。好幾年前某家知名餐廳發生食品的問題，發言人透過媒體表達歉意，不但整件事情沒有越滾越大，反而讓更多的人知道有這家餐廳，得到意外的效果。

在危機發生以前和發生當下，管理者要做些什麼？才能掌握危機事件，避免事態發展惡化，影響甚鉅。以下特別整理出十個危機處理的法則：

1. 面對危機時，應考量到最壞的可能，並及時有條不紊地採取行動。
2. 當危機處理完畢後，應吸取教訓，不再重蹈覆轍。
3. 平時也不要忘記策劃一個危機管理計畫。
4. 時時準備在危機發生時，將公眾利益置於首位。
5. 危機發生時，能以最快的速度設立危機處理中心，調派訓練有素的

專業人員，以便實施危機處理計畫。

7. 邀請公正且權威的機構來幫忙解決危機，以便確保社會公眾對組織的信任。

8. 在對危機的傳播溝通上，應避免使用專業術語，要以簡單易懂的語言，清楚告訴大眾他們所關心的危機最新狀況，並且採取正確的處理行動。

9. 確保公司或危機小組能有效掌握大眾的負面情緒，可能的話，也可透過調查研究來驗證公司的看法。

10. 培訓是危機處理計畫中不可或缺的要素之一，為確保處理危機時，能有一批訓練有素的專業人員，平時就應對他們進行專業培訓。

練功坊

❶.練習先處理客戶的心情，再處理客戶的事情。

❷.危機管理的基本原則是：事前做好準備；事中做適當的處理；事後做修補工作。

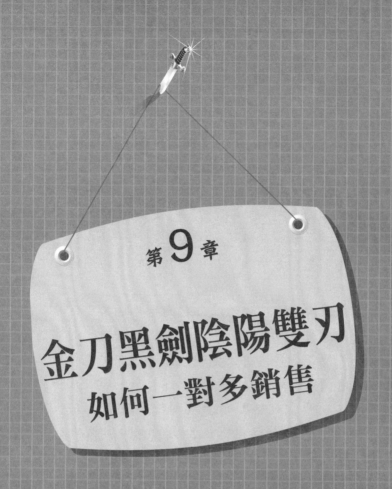

第9章

金刀黑劍陰陽雙刃
如何一對多銷售

Nine capabilities
salesmen should possess

金刀黑劍陰陽雙刃

源自於金庸小說——《神雕俠侶》。演講、簡報和事業說明會等都是一種一對多銷售，效益比一對一銷售還高，所以金刀黑劍陰陽雙刃共兩把刀更具殺傷力。

有人說：「人有三怕，怕高，怕火，怕上台。」不知你有沒有聽過還有人說：「寧願我死，也不要上台」。站在台上說話其實是一門專業的藝術，是有方法和技巧的，只要你長時間的練習，就能練就一定的功力。

之前看過一篇報導，你的職位越高，你就需要做越多的簡報。這代表著另外兩件事情，第一，除非你變成一個很好的演講者，不然比較會講話的人總是會升遷得比你快。第二，即便你努力工作而升職，依然很少人會關注你的點子。

你知道站在台上說話可以分成兩種等級嗎？第一種等級是屬於「產品介紹者」，就是講完以後全場的人給你拍拍手，說你講得好棒，但並沒有人購買你的產品。第二等級是屬於「說服者」，就是講完以後除了全場的人給你拍拍手，說你講得好棒之外，還會把錢或信用卡掏出來給你，你喜歡哪一種等級呢？本章節就是要提供你一些一對多銷售的技巧，讓你可以成為第二級等級的「說服者」。

從古至今，一對多銷售可以算是賺錢最快的方式之一，也是最快讓陌生人認識你的方式之一，更是發揮影響力最快的捷徑。從國父孫中山先生推翻滿清；孔子用演講培育門生三千，推行儒家思想遍及天下；歐巴馬成為美國史上第一位黑人總統；一直到賈伯斯推出讓全世界瘋狂的產品等，這些都是靠一對多銷售。一對多銷售就是演講，為什麼一定要學會演講，因為我後來發現學會演講有十大好處：

1. 快速增加收入

2. 快速增加客戶數
3. 快速吸引優秀的人才加入你的團隊
4. 快速建立知名度
5. 快速擴大影響力
6. 快速凝聚向心力
7. 快速激勵團隊，再創高峰
8. 快速募款資金
9. 快速危機處理
10. 倍增自己的時間

所以，如果你很會演講，你想想看你的業績，會不會比口才不好的業務還要多很多呢？如果一名老闆會演講，他可以渡過任何財務危機，你說他是不是比不會演講的老闆，更能維持企業的經營呢？

不知道你有沒有想過，如果你很認真地每天拜訪三個客戶，一個月拜訪九十位客戶，但是如果你辦一場一百人的演講，只花了你二到三小時。你覺得哪一種績效較好呢？無論你要對客戶做簡報，舉辦產品發表會，事業說明會，或個人演講會，本章節的內容將對你幫助非常大。

在本章節，你將可以學到：

● 用簡報和演講說服全世界

● 用簡報和演講征服人心的五大流程

● 如何「演」和「講」

● 必勝說話術的二十個關鍵

● 如何回應觀眾的提問

用簡報和演講說服全世界
Nine capabilities **salesmen should possess** 9

今天如果你要做一場簡報介紹你的產品，或者你受邀去某單位演講，你一定要事先準備好主題、大綱和內容。然而還有一個重點不知你有沒有想過，就是觀眾為何要聽你的報告或演講，當你上台時基本上台下的人會想以下五件事情：

1. 你是誰？

2. 我憑什麼要聽你講？

3. 花時間聽你講對我有什麼好處？

4. 我為什麼要相信你？你能提供什麼證據？

5. 請不要浪費我的時間好嗎？

所以，在你上台前五分鐘可以先自問自答這些問題，最好的方法之一就是準備一個無懈可擊的自我介紹。那麼要如何自我介紹呢？

除此之外，為了要讓觀眾採取行動，你還要問自己三個問題：

1. 你希望你演講完後，要給觀眾的是什麼樣的感覺？

其實買東西有時候只是一種感覺，感覺對了味，價格就不是那麼重要了，感覺不對味，什麼都覺得貴。所以在整個過程中你是要讓客戶覺得你很熱情有活力，還是誠懇有禮的感覺。在銷售產品的過程中，你是要讓客

戶很快樂的購買、很感動的購買、很勉強的購買，還是很感激你的購買，這些你都要事先設計好，如果沒有設計好，那麼結果一定不是如你所願，因為動機會直接反應結果。

2. 演講完後，你希望觀眾學到什麼東西？

每個觀眾的知識背景程度各不相同，所以所吸收到的多寡當然不同，你可以把你自己當成是觀眾，想一下今天聽完這場演說、說明會，你有什麼樣的收穫？收穫多還是少？會不會連自己都無法說服自己這場演說不值得聽？因為有時連有收穫的觀眾都不一定會購買你的產品。但是這本書，筆者就非常有信心可以給讀者帶來什麼樣的收穫，演說也是同樣的道理。

3. 演講完後，觀眾會有哪些疑慮或抗拒點？

今天無論是一場事業說明會或是一場演講會，不管任何人，心中都會存在或多或少的疑慮或抗拒點，如果你的產品或解決方案可以讓所有的客戶不會有任何疑慮，那麼這產品也不用你來銷售了。所以在發表和分享的過程中，你要有技巧性地解決客戶的疑慮或抗拒點，雖然無法滿足所有的客戶，但你能做的就是盡可能減少客戶的疑慮或抗拒點。至於如何技巧性地解決客戶的疑慮或抗拒點，我舉一個例子，當我要銷售一堂課程，我會說在幾月幾號有一堂什麼樣的課程，請大家把日期寫下來，請問各位，如果這堂課完全不用錢，你會來參加的請舉手？現在一定會有一些人舉手，這時我會以開完笑的口吻說：「謝謝！非常好！這些舉手的朋友們就代表你們當天有空是嗎？」說完現場的觀眾會會心一笑，我這樣做的目的就是要先解決觀眾沒有時間的抗拒點，到時候你就不能說我那天沒時間，因為你已經舉手了。

♪ 決定演講主題

演講主題是否具有吸引力，決定著觀眾參加意願的與否，我曾經幫亞洲股神胡立陽舉辦一場演講，當時我設計的DM主題寫著：「胡說八道」這是因為演講大綱剛好有八大重點，再加上講師姓胡，所以就變成「胡說八道」了，果然參加的人很多。然而在決定演講主題時要注意，主題要和演講本人一致，也就是說如果你要演講的主題是減肥，但你是一個大胖子，那說服力肯定很低，觀眾怎麼會相信你說的話呢？如果你要講述的是兩性關係，結果你一臉看起來就是婚姻不幸福的樣子，觀眾如何能信服你呢？

♪ 如何蒐集演講內容

一流的講師一定有別人沒有或是較少人有的資料，因為如果你講的東西大家都不知道或沒聽過，才會有高度的新鮮感。所以要常常蒐集最新資訊，投資自己在知識上的累積。然而剛開始演說時會發生內容不夠的情況，如果以前沒有蒐集資料，也不要太過沮喪，現在開始還來得及，蒐集方法有以下四種：

1. **書報雜誌**：從現在起養成習慣，將每次看書報雜誌時，自己覺得很經典的故事，好的觀念和句子做記號或影印起來，以便日後要使用時方便找到。持續這樣施行，你的題材會慢慢累積越來越多。

2. **上網蒐集**：網路上有許多資料可以搜尋，無論是文字或影音，都可以重新整理後加入自己的演說內容。

3. **親身經驗**：可將過去的經驗加以整理，或是去做你所要講的東西，一個講師最難得可貴之處，就是去做平常人不願去做的事，去完成一般人無法完成的事，一旦去做或是完成了，你就有故事可說了。因為你有一些成功的故事或績效，別人才會相信你，才會對你有興趣，若你什麼都沒有，現在起開始創造吧！

4. **上課學習**：過去我參與了許多大大小小的演講和課程，當初的目的是為了提升自己，沒想到日後竟成為我演說素材的一部分。也許有人會覺得當一個講師要投資金錢充實自我，沒錯！因為你是傳播知識，你希不希望有人付高講師費給你，如果你沒有先投資自己，你的知識和資訊不夠，你所能得到的講師費自然不高，你要先投資自己，知識豐富了，價值提升了，價碼才會提高。

總之，你必須投資時間和金錢在書報雜誌，上網蒐集，親自去做和上課學習，如果上述這些你都做了，你的演講資料庫才會更充足。

用演講征服人心的五大流程

Nine capabilities **salesmen should possess**

如果你希望你的產品說明會或簡報完之後有人決定購買你的產品，你可以參考接下來我要分享征服人心的五大流程：

一、開場

開場就像電影剛開始，劇情是否引人入勝，有些人會說今天我的演講主題是×××，然後就開始進入正題，這樣的開場唯一的缺點就是無法創造觀眾的期待感，於是我特別整理了常用的八大開場法：

1. 問句舉手法

一開場就提出三到五個讓客戶回答「是」的問句，把要告訴觀眾的重點變成問句，把所要講的話變成問句，因為問句會引發思考，較能具吸引人的注意，會引發好奇心，會使人採取行動，所以**問句的精彩度會決定群眾的期望及注意力**。為什麼還要舉手呢？因為如果只有問句，觀眾只會張開嘴回答，但如果使觀眾舉手，更能使觀眾參與其中，畢竟要觀眾做動作比回答還難，所以此法的目的就是要讓觀眾配合你改變肢體動作，因為改變肢體動作會使人情緒上升，當一個人情緒高昂時你講的話對方比較容易吸收，就有利於後面的銷售。我舉三個例子：

範例一：

請問在座的各位想擁有更多的財富的請舉手！

請問想讓身體更健康的請舉手！

請問想同時擁有財富和健康的舉雙手！

範例二：

請問在座的各位想不想睡覺的時候有錢流入你的帳戶？

請問你想不想當沒有工作時一樣有錢流入你的帳戶？

請問你想不想在時間允許的情況下，每個月多賺五萬元以上？

範例三：

你想不想知道一個討厭銷售，害怕被拒絕的業務如何成為銷售冠軍？

你想不想知道害一個害羞內向的人，如何站在台上演講，影響更多的人？

你想不想知道一個默默無名的年輕人，如何在一夜之間，讓很多人都認識他？

問句舉手法的效益在於瞬間吸引觀眾的注意力，因為演說是雙向的溝通，所以一開始就要有吸引力，要和觀眾有良好的互動，這樣你才可以掌控全場。

然而在請觀眾舉手也是有技巧的，記得自己一定要舉手，不要舉得太僵硬，稍為有一點微彎，身體適當的往前傾，因為你不能叫台下的人舉手自己卻不舉，除非你問的問題不夠好，否則一定有一些人會配合你舉手的。所以你可以針對你的主題和行業別去設計一些開場的問句，以三到五個問句為宜，若是問句太少則互動性不足，問句太多也會惹人反感。

2. 故事法

無論大人和小孩，基本上人人都喜歡聽故事，所以說一個動人的故事

可以吸引觀眾進入你的主題。例如：你今天要辦一場增員講座，可以開場說一個故事。

範例：

從前有一個即將去世的億萬富翁，在去世前委託律師在報紙上刊登一則廣告：「我從小貧窮，白手起家，一路打拚，已有花不完的錢，如今快要離開這美好的世界，唯一的願望就是不想把我畢生的致富祕訣埋進土裡，因此舉辦了一場有獎徵答活動，請大家猜猜看，到底窮人和富人最大的差別在哪裡？如果有人答對了，我將送他美金一百萬元」。

沒想到短短一年內，回信數量如雪片般飛來，有人認為答案是缺乏資金、缺乏貴人相助、機會、能力不足，懷才不遇……等，最後，竟是一位九歲小女孩答對獨得獎金。她的答案是：窮人最缺少當富人的企圖心。

記者好奇地問小女孩，妳是怎麼知道答案的呢？女孩回答：「因為我有一個十一歲的姐姐，她每次帶男朋友回家時，都會對我說：『妳千萬不可以對我男朋友有企圖心喔！因為我怕他被妳搶走！』所以，我想說只要有企圖心，就可以得到任何東西。於是我想窮人和富人最大的差別應該就是企圖心了。」

3. 笑話法

基本上每個人都喜歡聽笑話，所以若以笑話為開場，能讓聽眾哈哈大笑，讓現場氣氛更加輕鬆和歡樂。如果今天你要演說的主題是瘦身，就可以用一個關於瘦身的笑話掀起今天演講的序幕。

有一名老公拿十萬元給他的胖老婆去運動減肥，有一天一位朋友在路上遇到這位老婆，問她：「減肥效果如何？」她說：「每天騎馬，運動量很高，累死我了！」朋友再問她瘦了幾公斤，她說：「十公斤！」「可是我怎麼看不太出來妳有瘦十公斤」她回答說：「不是我瘦了十公斤，是馬

瘦了十公斤！」

 **4. 時事法**

　　可以想想最近有發生什麼時事新聞，用來當作開場的話題。例如：你想要辦一場健康講座，你可以說最近塑化劑事件在媒體上大肆宣傳，我們吃的喝的都可能含有塑化劑，甚至連洗髮精、沐浴乳和牙膏等生活用品都含有對身體有害的致癌物質。我想調查一下，在座各位會擔心的請舉手！不會擔心的請舉手！無所謂或是沒感覺的請舉手！」

5. 否定法

　　如果一開始就否定這場演講，會創造一種緊張的氛圍，使觀眾全神貫注，瞬間抓住觀眾的注意力。例如：今天我對主辦單位辦的這場活動感到很不滿意，因為這麼好的活動怎麼這麼晚才辦？另外經費不足，怎麼對的起今天來的朋友們！我們給主辦單位掌聲鼓勵一下！

6. 唱歌法

　　有一首歌很適合開場，就是任賢齊主唱的那首「對面的女孩看過來」，原曲歌詞是：「對面的女孩看過來，看過來，看過來，這裡的表演很精彩，請不要假裝不理不睬。」

　　我將它改編成：「各位觀眾看過來，看過來，看過來，這裡的演講很精采，請不要假裝不理不睬。」

7. 讚美法

　　每人都喜歡被讚美，所以演講開始，你可以用一些特別的方式來讚美主辦單位或主持人和台下觀眾們，例如：

「各位秀外慧中，蕙質蘭心，溫柔婉約，婀娜多姿，沉魚落雁，閉月羞花，穠纖合度，儀態萬千，高雅大方，雍容華貴，玉潔冰心的窈窕淑女們大家好！」

「各位成就可期，光明在望，前程似錦，卓越非凡，鵬程萬里，學富五車，才高八斗，英明睿智，英俊瀟灑，英姿煥發，英雄本色的優秀男士們大家好！」

8. 活動法

使用活動法的目的和效益跟問句舉手法一樣，在於觀眾配合你改變他們的肢體動作，若活動帶得好，就能在一開場就使觀眾陷入瘋狂，充滿歡樂氣氛。例如：首先我們玩一個活動，這活動可以看出大家未來的成功機率，請各位將我們的雙手十指緊握著，經過超過一萬次的研究和統計，發現右手大拇指在左手上面的人容易賺大錢，左手大拇指在右手上面的人容易成功，我看到有人這時候換手指喔！那麼左右手差不多的人自以為會賺大錢會成功，以上純屬虛構，給自己一個熱情的掌聲！大家好！我叫林哲安！

二、自我介紹

你知道你是宇宙中最獨一無二的嗎？所以你要講你的故事，因為你講你的故事不會有人跟你講的一模一樣，自然而然就不會有衝突點。所以客戶在聽完你的分享和報告後，覺得你是那麼努力地經營你的人生，或者覺得你是如此認真投入到你的工作，或者覺得你是那麼純真果敢，不畏艱難，在介紹產品時是那麼地熱情而自信，客戶被你感動後，便有可能衝動向你購買，因為**激動，感動和衝動，是人性購買的三大欲望**。

那麼要如何說自己的故事呢？你必須寫下你的「生命之最」。首先請

你回想從出生至今～

● 最令你驕傲的事是什麼？

● 最令你刻骨銘心的事是什麼？

● 最令你傷心的事是什麼？

● 最令你難忘的事是什麼？

● 最令你高興的事是什麼？

● 最令你瘋狂的事是什麼？

● 最令你感動的事是什麼？

● 最令你丟臉的事是什麼？

● 最令你亢奮的事是什麼？

● 最令你改變最大的事是什麼？

● 最令你覺得成功的事是什麼？

除了生命之最外，你還可以回想從出生至今學到最有價值的事：

● 從婚姻中學到

● 從家庭教育中學到

● 從加入的公司中學到

● 從主管或老闆身上學到

● 從與別人合作中學到

● 從銷售經驗中學到

● 從投資經驗中學到

● 從追求目標的過程中學到

● 從他人成功經驗中學到

● 從某地方學以致用後得到

● 從上課經驗中學到

● 從選擇的行業中學到

● 從挫折或失敗中學到

也許有人會問這些故事會有人想聽嗎？我告訴你當然會！因為真情就是好文章，你必須從自己的生命歷練中找到題材，這些生命之最和最有價值的事都是你演講的寶貴資產，更是你活生生的演講資料庫，這是一個需要花長時間的功課，剛開始想到什麼就寫什麼，最後再來整理整合，並把故事穿插在你的演講中。接下來我用一個範例來說明如何自我介紹。

範例：

我出社會的第一份工作是從事銷售兒童套書的業務工作，第三個月榮獲全省業代組第一名，第二、三名從缺，後來因為壓力太大，不懂的調適而離開了。沒想到第二份工作又是業務工作，我曾經創造當月個人的業績大於全公司所有業務業績的加總，後來得到老闆的重用，負責教育訓練全台灣三百個代理商和負責高雄分公司，後來公司轉型成傳直銷，萬萬沒想到後來公司卻倒閉了。

原本不想再做業務的我，沒想到第三份工作還是業務工作，不知怎麼搞的當時連續六個月都沒有業績，有一天我坐在公園的椅子上，仰望著天空，思考著未來的方向，彷彿就站在人生的十字路口，不知向左走？還是向右走？當時我唯一能確定的就是不想再做業務的工作了。

後來朋友介紹我去上了一堂改變我生命的一堂課，課程中徹底改變了我的想法，激發了我的潛能，我覺得人生不能甘於平凡。當時在我腦海中閃過一個念頭，如果我也能站在台上，說一些對台下的人有幫助的話，幫助和影響更多的人，這不是很好嗎？於是我開始對講師這個角色充滿了極大的興趣，儘管當時女朋友非常不贊成，覺得我愛好虛榮，還以分手來要脅，但是我還是堅持我要走的路。

當時我想當講師最快的方法就是去企管顧問公司上班，即使沒有講師職缺我也願意從業務做起，日後一定有機會成為講師，於是我開始上網瘋

狂搜尋所有人力銀行和全台灣所有企管顧問公司的網站，看看是否有相關職缺，後來我毅然離開了當時薪資待遇還不錯的工作，進入一家名不經傳的企管顧問公司，我做到全公司業績第一名。但好景不長，沒想到後來這家公司也結束了。

　　人生有時很有趣，有一天我看到了一段改變我生命一段話，這段話是這麼寫著：「為什麼有人比你成功十倍一百倍，並且可以享受更美好的人生？假如他們沒有比你聰明這麼多？為什麼他們的收入生活比你好這麼多？或許你沒有做錯任何事情，但你想不想知道他們到底做對什麼事情？」這是一家企管顧問公司的廣告文宣，後來我毛遂自薦進入了這家公司。我認真學習，學到許多銷售，行銷和演說的技巧，我運用所學做到全公司第一名，也曾代表公司到保險公司演講，圓了我的講師夢，甚至接受廣播電台和TVBS的專訪。接下來，我想跟大家分享我是如何運用過去所學，成為公司第一名的業務員，並且創造人生的高峰，在座各位想知道其中的祕訣的請舉手！

　　自我介紹的陳述祕訣在於像編劇一樣，內容是精心設計的，並像導演一樣重新審視你的過去和現在的差別，過去你是一個怎麼的人，後來做了什麼事或什麼決定變成現在的樣子？自我介紹的最高境界是雷霆萬鈞、感人肺腑、幽默風趣、辛辣過癮、柔情訴求、興奮激情、撼動人心、死而無憾，難以忘懷。

三、進入主題

　　如何設計演講稿呢？基本上一場演講可以講八個重點，每個重點講三個故事：一個自己的故事及二個別人的故事。自己的故事你可以利用「生命之最」。這只是一種模式，沒有特別的限制和規定。

　　也許有人會擔心忘詞，所以帶個小抄以防萬一，你想不想知道一種可

以更輕易記住演講大綱的方法？這個方法就叫曼陀羅（Mandal）思考法。這個方法以九宮格的形式呈現，比以前直線式思考，更符合人腦工學。例如，你要講如何成為銷售冠軍，如果你採用前直線式思考，會變成重點1，2，3到最後重點8，如果你採用曼陀羅思考法，就只有三個步驟：

步驟一：先你先將你要演講的主題寫在中間。（亦可把要解決的問題寫在中間）

步驟二：以「順時鐘」方向寫下要演說的重點。（寫下解決此問題的方法）

步驟三：其中每一格重點，又可再畫一個九宮格，寫出那個重點的八個小重點。

演講主題～如何成為銷售冠軍

說明：如何成為銷售冠軍共有八大重點。（請見下圖）

環境	銷售	行銷
人脈	如何成為銷售冠軍	演講
能量	自我介紹	成交

而其中的「演講」重點，又可細分成八個重點。（請見下圖）

如何設計演講稿	如何成交	如何要求行動
如何自我介紹	如何演講	如何回答觀眾提問
如何開場	演講的重要	如何成為演說家

四、進入成交

成交的方法很多種，請詳見本書第三章。以下範例是用「故事成交法」來銷售課程。

從前有一個人拿一把斧頭到森林裡去砍樹，砍了一年這棵樹還是沒倒，有人跟他說：「你的斧頭鈍了要磨一磨，磨利了，這棵樹才會倒。」

這個人回答說：「我連砍樹的時間都沒有了，哪有時間磨刀呀？」

你是不是也犯了同樣的毛病呢？你一直拜訪客戶，但客戶都不跟你買，有人說你應該去學一些銷售技巧，提升自己的能力，客戶才會跟你買，而你卻說：「我連拜訪客戶的時間都不夠用了，哪還有時間上課學習呢？」

請你思考一下，賺錢比較重要還是學賺錢的知識、方法比較重要？你一直無法成交客戶，可能是你一直用過去行不通的方法，這時你是否應該想想開始學習一些新的方法來成交客戶呢？

✤五、要求採取行動

你要知道，演講的目的就是要成交，所以你要求客戶現在、立刻、馬上行動，利用限時、限量、限價的技巧來促銷你要銷售的產品。

我曾經看過有一位講師在台上賣書，六本只要一千元，現場只有三十套，賣完就沒有了，請台下的觀眾把一千元拿出來，現場工作人員會把書拿給你。就這樣五分鐘，三十套一下子賣光光。

你可以請要購買的人舉手、站起來、到台上來或到報名區填報名表等方式。重點是你要下指令，因為人都是被動的。指令越明確，越能達到你要的結果。

如何「演」和「講」

Nine capabilities **salesmen should possess**

9

你想要「亮」，就要走在燈光下；你想要「紅」，就要站在舞台上。演講其實就是透過「演」和「講」，演你所講，講你所演。那麼要如講得好，又演得生動呢？

世界催眠大師馬修·史維說：「溝通的品質＝7％內容＋38％聲音語調＋55％肢體動作。」這意味著，無論說話者要準確傳遞訊息，或是聆聽者要準確接收訊息，雙方除了依賴口語表達之外，往往也要借助表情、姿態、手勢、動作等肢體語言的輔助，因此，口語表達與肢體語言只要搭配得宜，甚至背景音樂和現場硬體設備環境，都能有效促進溝通的品質和效果。也許你會驚訝地發現怎麼跟你想得不太一樣，沒錯！除了演講的內容外，適當的聲音語調和肢體動作會幫你加了很多分，並且讓人印象深刻，更具影響力。

演講是透過一對多的溝通方式，進而達成我們要的結果，所以既然聲音語調和肢體動作是如此重要，那麼要如何表現呢？

一、聲音語調八字訣

大、小、快、慢、輕、重、高、低。這八字訣沒有一定的準則。還可以適時加入停頓，因為適時的停頓可抓住觀眾的情緒。正所謂快慢有序、

停頓有美。適當的聲音語調加停頓，會讓你的演講更具吸引力和影響力。

雖然這八字訣沒有一定的準則，但基本上各有以下的特性：

音量太大：具有侵略性，聽者不舒服

音量太小：聽不清楚，無法溝通

音量適中：

● 需掌握空間大小

● 注意與聽者的距離

準確拿捏發聲力道：

快：用於開場

中：解說產品

緩：產品締結

慢：處理反對問題

不同的輕重音，意思大不同：

● **我**不想跟你去看電影…

● 我**不想**跟你去看電影…

● 我不想跟**你**去看電影…

● 我不想跟你去**看電影**…

聲音高低會影響這一段對話的情緒：

● 音高：熱情，愉快，活潑，充滿希望

● 音中：誠懇，真心，實在

● 音低：感同身受，悲天憫人

♪二、肢體動作

我們無論在演說或是簡報產品或方案，如果只是像木頭般站著講，似乎較沈悶且不具吸引力，這時要展現合宜的肢體動作，就要注意以下七大

要點：

1. 說的內容要與肢體動作一致。

2. 每一個手勢，力求簡單、精練、清楚。

3. 自然不做作。

4. 聲音、姿勢、表情緊密配合。

5. 可適時適當地走動。

6. 手勢的起落和話音的出沒同時進行。

7. 誇張動作不宜太多，不然會顯得花俏，擾亂視覺。

業務九把刀

必勝說話術的二十個關鍵

Nine capabilities **salesmen should possess**

9

　　無論演講還是簡報，除了內容、聲音語調和肢體動作外，還有什麼細節要特別注意，好讓你的整體說話更有影響力呢？

1. 穿著合宜得體的服裝。

2. 前一晚必須睡眠充足，使喉嚨獲得良好的休息。

3. 演講前不要吃太飽。

4. 最好能知道參加的人有哪些，包含什麼屬性的人。

5. 可以前一天或提前到場，觀察和熟悉整個環境。

6. 測試和確認所有軟硬體設備是否正常。

7. 在演講前，如果有機會與聽眾打成一片，應該把握住，與聽眾握手，對他們微笑，或打個招呼皆可。

8. 在台上，輕鬆自在地站好。

9. 上台前心理上、情緒上、精神上保持放鬆，想像正式時的整個流程和結果是多麼的順利。

10. 要開始說話時，保持微笑環視所有聽眾。

11. 在觀眾人群中找一兩張快樂友善的臉，經常望著他們，這會令你覺得自己被重視和也比較安心。

12. 手邊可放一杯溫水。

13.注意演講時的臉部表情。演講的內容即使再精彩，如果表情缺乏自信，畏畏縮縮，垂頭喪氣，演講就很容易變得欠缺說服力。

14.可適時安排樁腳在觀眾群，並適時附和台上的人和發問。

15.可利用問問題，玩遊戲，示範演練的方式多和台下觀眾互動。

16.Power poinet上面的字體不要太小，字數不要太多，字的彩色不要太多種。

17.Power poinet上面可用圖表取代數字。

18.可適時使用「戲劇效果」來製造「懸疑感」，這是賈伯斯最擅長的一招。

19.充足的準備和排練。有「當代簡報大師」之稱的賈伯斯，他每一次簡報都經過縝密的設計和排練。讓整個流程流暢、有重點、有次序、有驚喜。充足的準備和排練也有助於消除緊張。

20.國際簡報大師南希・杜爾（Nancy Duarte）說：「照步驟走，開場、中場和結束，讓你的溝通像在拍一場電影。」也就是說整個過程要有「轉折點」和「高潮點」。

如何回應觀眾的提問

Nine capabilities **salesmen should possess**

無論在演講或簡報，結束時台下的聽眾或客戶可能會有一些疑問點，希望能進一步了解，我把此時回應客戶問題的動作歸納成四大步驟：

第一步：先謝謝或讚美觀眾的提問。

例如：謝謝這位小姐提出這麼好的問題。

第二步：重複觀眾的問題。

也許有人聽得不是很清楚發問者想問什麼，所以講師可以將觀眾的問題重新敘述一遍，一方面讓在場所有的人都可以聽清楚，另一方面可確認講師有沒有弄錯觀眾提問的意思。其實還有一個目的，就是趁這幾秒鐘趕快想等一下要講什麼話。

第三步：具體提出的論點或例子來支持你的答案。

第四步：做結論。

範例：

觀眾問：「我又沒有什麼特別的績效，我能演講些什麼呢？」

我會這麼回答：「謝謝這名帥哥的問題，你可能比較謙虛，我們用分享這個字眼好了，也就是說其實你還是可以跟大家分享你要說的，因為你的經歷跟我們在場的人都不一樣，收穫和感受一定有所不同，再來你所說的內容不一定我們每個人都知道。所以你可以分享你的專業，或啟迪觀眾

們的思想，感動他們或激勵他們，即使你目前沒有過人的績效，但是你知道嗎？一個講師，不是一直說自己多麼了不起，而是能幫助大家獲得資訊和知識，啟發或感動他人；一個講師，不是他賺了多少錢，而是把心中的愛，傳遞得更高更遠。所以你依然可以站在台上演講。

練功坊

❶. 寫下生命之最，加入你的演講內容之中。

❷. 練習善用聲音語調和肢體動作，讓你的演講更具吸引力和說服力。

親愛的朋友！感謝你購買本書，也謝謝你看完這本書。如果覺得這本書對你有幫助，歡迎分享給需要的人。技巧是死的，人是活的，願你能靈活運用，無招勝有招。祝你成功！

業務九把刀

特別收錄 。

在本書第三章第四式中有提到潛意識的重要，如果將人類的整個意識比喻成一座冰山的話，那麼浮出水面的部分就是屬於顯意識的範圍，約佔意識的5%，換句話說，95% 隱藏在冰山底下的意識就是屬於潛意識的力量。

腦神經學家發現，許多特殊的音樂能夠增進人類的 α 腦波、分泌腦內嗎啡，並且能將左右腦結合成一個凝聚單位（cohesive unit）。研究並指出，這種將左右腦結合成一個凝聚單位的同步性，能夠舒緩並活化左腦的功能，同時刺激右腦，促進全腦的均衡發展，增強三至五倍的學習速度。當腦波呈現 α 波時，所傳送的訊息有助於刺激潛在本能，訊息將會毫無阻礙、快速有效地被潛意識（右腦意識） 所接收，此時右腦五感將會對這些訊息產生反應，潛在能力也得以釋放出來。由於潛意識它無法分辨事情是真是假，所以運用潛意識的第一個方法，就是不斷地想像，改變自我內在的一個影像和圖片；第二個影響潛意識的方法，也就是要不斷地自我暗示，或是自我確認。

當我們想要實現任何一個目標的時候，就要不斷地重複唸著它。因為文字本身有一股力量，所以在業務單位的辦公室四周，你會看到張貼或懸掛一些正面的標語，這些標語代表著正面的能量。後來當我知道有潛意識CD 這種東西後，有一段時間我每天睡覺前三十分鐘和每天早上醒來後三十分鐘，都會聽著潛意識CD，來改變我的潛意識。以下提供一個範本，你可以把它錄成CD自己隨時聽，當然文字部分你可以自行修改。

我每天大量地吸引著成功和財富。

我可以擁有任何人間美好的事物。

我是一個非常成功的人。

我過著平衡式的成功人生。

我很樂意接受更多的財富和更大的成就。

成功致富的機會不斷地被我吸引而來。

成功一定是屬於我的，因為我是值得的。

我擁有大量的財富。

我的生命充滿快樂和希望。

我擁有無與倫比的自信與魅力。

我的思想專注於創造成功和財富。

我擁有偉大的思想。

我擁有超強的行動力。

我每天樂在工作。

成功和財富大量流到我身邊。

我每天都很幸運。

我過著快樂幸福美滿的人生。

是的！我是成功的人。

是的！我可以實現任何的目標和夢想。

是的！成功一定是屬於我的。

是的！我現在立刻就馬上行動。

Nine capabilities salesmen should possess

APPENDIX

我們改寫了書的定義

創辦人暨名譽董事長　王擎天
總經理暨總編輯　歐綾纖　　印製者　家佑印刷公司
出版總監　王寶玲

法人股東　華鴻創投、華利創投、和通國際、利通創投、創意創投、中國電
　　　　　視、中租迪和、仁寶電腦、台北富邦銀行、台灣工業銀行、國寶
　　　　　人壽、東元電機、凌陽科技(創投)、力麗集團、東捷資訊

◆台灣出版事業群　新北市中和區中山路2段366巷10號10樓
　　　　　　　　　TEL：02-2248-7896
　　　　　　　　　FAX：02-2248-7758

◆北京出版事業群　北京市東城區東直門東中街40號元嘉國際公寓A座820
　　　　　　　　　TEL：86-10-64172733
　　　　　　　　　FAX：86-10-64173011

◆北美出版事業群　4th Floor Harbour Centre　P.O.Box613
　　　　　　　　　GT George Town, Grand Cayman,
　　　　　　　　　Cayman Island

◆倉儲及物流中心　新北市中和區中山路2段366巷10號3樓
　　　　　　　　　TEL：02-8245-8786
　　　　　　　　　FAX：02-8245-8718

國家圖書館出版品預行編目資料

業務九把刀 / 林哲安 著. — 初版. — 新北市 ：
創見文化，2011.12　面；　公分. —
（成功良品；39）

ISBN 978-986-271-146-0（平裝）

1.銷售　　　2.職場成功法

496.5　　　　　　　　　　　　100021495

成功良品 39

業務九把刀

本書採減碳印製流程
並使用優質中性紙
（Acid & Alkali Free）
最符環保需求。

出版者／創見文化
作者／林哲安
總編輯／歐綾纖
文字編輯／蔡靜怡
美術設計／蔡億盈

郵撥帳號／50017206 采舍國際有限公司（郵撥購買，請另付一成郵資）
台灣出版中心／新北市中和區中山路2段366巷10號10樓
電話／（02）2248-7896
傳真／（02）2248-7758
ISBN／978-986-271-146-0
出版日期／2016年最新版

全球華文市場總代理／采舍國際
地址／新北市中和區中山路2段366巷10號3樓
電話／（02）8245-8786
傳真／（02）8245-8718

全系列書系特約展示
新絲路網路書店
地址／新北市中和區中山路2段366巷10號10樓
電話／（02）8245-9896
網址／www.silkbook.com

本書於兩岸之行銷（營銷）活動悉由采舍國際公司圖書行銷部規畫執行。

線上總代理 ■ 全球華文聯合出版平台 www.book4u.com.tw
主題討論區 ■ http://www.silkbook.com/bookclub　　◎ 新絲路讀書會
紙本書平台 ■ http://www.book4u.com.tw　　◎ 華文網網路書店
電子書下載 ■ http://www.silkbook.com　　◎ 電子書中心

B 華文自資出版平台
www.book4u.com.tw
elsa@mail.book4u.com.tw
iris@mail.book4u.com.tw

全球最大的華文自費出版集團
專業客製化自資出版 · 發行通路全國最強！